建设工程招投标与合同管理技能训练手册

目　　录

第1章 建设工程招标投标概述

实训任务

【任务要求】

根据教师给定的项目，进入项目所在地省级政务服务网站，体验办理工程建设项目审批。

【任务实施】

(1) 登录项目所在地省级政务服务网站，根据工程建设项目的投资类型、项目类型、工程类型，选择不同的类型，体验办理工程建设项目业务。

(2) 登录项目所在地省级政务服务网站，根据实际办理业务需要，选择单一事项依次体验办理审批业务。

(3) 登录项目所在地省级政务服务网站，根据工程建设项目主题场景，选择对应的场景，按照主题场景套餐，体验一站式办理工程建设项目业务。

【任务评价】

评价项目	分值	自评分(20%)	互评分(30%)	教师评分(50%)	总分
工作考勤	20				
工作态度	20				
任务分析思路	10				
任务完成情况	30				
协作与沟通	10				
归纳总结	10				
合计	100				

【任务总结】

第2章 认识建筑市场

实训任务

【任务要求】

参观当地的公共资源交易中心，实地学习工程建设招投标电子化全流程。

【任务实施】

(1) 了解工程建设项目招投标电子化办事流程。

(2) 了解工程建设项目公开招标办事流程。

(3) 了解工程建设招投标标书领取和调阅办事流程。

(4) 了解工程建设项目开标办事流程。

(5) 了解工程建设招投标评标专家参加评标办事流程。

【任务评价】

评价项目	分值	自评分(20%)	互评分(30%)	教师评分(50%)	总分
工作考勤	20				
工作态度	20				
任务分析思路	10				
任务完成情况	30				
协作与沟通	10				
归纳总结	10				
合计	100				

【任务总结】

【任务成果】

(1) 绘制工程建设项目招投标电子化办事流程图。

(2) 绘制工程建设项目公开招标办事流程图。

(3) 绘制工程建设项目投标办事流程图。

(4) 绘制工程建设项目投标办事流程图。

(5) 绘制工程建设招投标评标专家参加评标办事流程图。

能力训练题

一、判断题

1. 狭义的建筑市场一般指有形建筑市场，它是以工程承发包交易活动为主要内容，有固定的交易场所(比如公共资源交易中心)。 （　　）

2. 建筑市场在许多方面不同于其他产品市场，主要表现在：交易方式为买方向卖方间接订货，并一般以招投标为主要方式。 （　　）

3. 在我国，业主也称为建设单位，业主作为建筑市场的主体，是长期和持续存在的。 （　　）

4. 建筑市场的主体是指参与建筑生产交易的各方，包括业主、承包人和工程咨询服务机构。 （　　）

二、单项选择题

1. 建筑市场是以进行建筑商品和相关要素交换的市场，其主体不包括(　　)。

   A. 政府主管部门　　　B. 业主　　　　　C. 承包人　　　　　D. 咨询服务机构

2. (　　)是指承载与建筑业生产经营活动相关的一切交易活动的总称。

   A. 广义的建筑市场　　B. 狭义的建筑市场　C. 有形的建筑市场　D. 无形的建筑市场

3. 建设工程的投标人一般不包括(　　)。

   A. 勘察设计企业　　　B. 施工企业　　　C. 工程材料设备供应商　D. 事业单位

4. 建筑市场的客体是(　　)。

   A. 建筑产品　　　　　B. 业主　　　　　C. 承包人　　　　　D. 咨询服务机构

5. 建筑市场不同于其他市场，这是因为建筑产品是一种特殊的商品。建筑市场定价方式的独特性是(　　)。

   A. 一手交钱，一手交货

   B. 先成交，后生产

   C. 对国有投资项目必须采用工程量清单招标与报价方式

   D. 建筑市场定价风险较大

三、多项选择题

1. 从事建筑活动的建筑施工企业应当具备的条件，下列说法正确的有(　　)。

   A. 有符合国家规定的注册资本

   B. 有与其从事的建筑活动相适应的具有法定执业资格的专业技术人员

   C. 有向发证机关申请的资格证书

   D. 有从事相关建筑活动应有的技术装备

   E. 法律、行政法规规定的其他条件

2. 我国的建筑施工企业分为(　　)。

   A. 工程监理企业　　　　　　　　　B. 施工总承包企业

   C. 专业承包企业　　　　　　　　　D. 劳务分包企业

   E. 工程招标代理机构

3. 获得专业承包资质的企业，可以(　　)。

   A. 对所承接的工程全部自行施工　　B. 对主体工程实行施工承包

   C. 承接施工总承包企业分包的专业工程　D. 承接建设单位按照规定发包的专业工程

   E. 将劳务作业分包给具有劳务分包资质的其他企业

4. 《中华人民共和国建筑法》(以下简称《建筑法》)规定，必须取得相应等级的资质证书，方可从事建筑活动的单位或企业包括(   )。

    A. 工程总承包企业   B. 建筑施工企业   C. 勘察单位

    D. 设计单位   E. 设备生产企业

5. 获得施工总承包资质的企业，可以(   )。

    A. 对工程实行施工总承包   B. 对主体工程实行施工承包

    C. 对所承接的工程全部自行施工   D. 将劳务作业分包给具有相应资质的企业

    E. 将主体工程分包给其他企业

6. 从事建筑活动的建筑业企业按照其拥有的(   )等资质条件，划分为不同的资质等级，经资质审查合格，取得相应等级的资质证书后，方可在其资质等级许可的范围内从事建筑活动。

    A. 技术装备   B. 注册资本   C. 专业技术人员

    D. 已完成的建筑工程的优良率   E. 在建项目规模

7. 建筑市场的主体主要包括(   )。

    A. 发包人   B. 建设项目   C. 承包人

    D. 中介机构   E. 行业规范性文件

8. 根据住房城乡建设部发布的《关于印发建设工程企业资质管理制度改革方案的通知》(建市〔2020〕94号)规定，改革后，工程设计资质可以分为(   )。

    A. 工程设计综合资质   B. 工程设计行业资质   C. 工程设计专业资质

    D. 工程设计事务所资质   E. 劳务资质

四、案例分析题

某学校与某建筑公司签订某教学楼施工合同，明确施工单位要保质保量按工期完成学校的教学楼施工任务。工程按合同工期竣工后，承包方向学校提交了竣工报告。学校为了不影响学生上课，还没组织验收就直接投入使用。在使用过程中，校方发现教学楼存在质量问题，要求施工单位修理。施工单位认为工程未经验收，学校提前使用而出现质量问题，施工单位不应承担责任。

问题：请根据建筑市场相关知识分析本案例中的建筑主体和建筑客体各是什么？

第3章 建设法规基础

实训任务

【任务要求】

查询并学习《中华人民共和国招标投标法》(以下简称《招标投标法》)《中华人民共和国政府采购法》(以下简称《政府采购法》)《中华人民共和国招标投标法实施条例》(以下简称《招标投标法实施条例》)《中华人民共和国政府采购法实施条例》(以下简称《政府采购法实施条例》)《相关条款的内涵和外延，提高应对和解决实务问题的能力。

【任务实施】

(1) 自主对比学习《招标投标法》和《招标投标法实施条例》。

(2) 自主对比学习《政府采购法》和《政府采购法实施条例》。

(3) 思考《招标投标法》和《政府采购法》的法律适用与衔接问题。

【任务评价】

评价项目	分值	自评分(20%)	互评分(30%)	教师评分(50%)	总分
工作考勤	20				
工作态度	20				
任务分析思路	10				
任务完成情况	30				
协作与沟通	10				
归纳总结	10				
合计	100				

【任务总结】

【任务成果】

(1) 填写《招标投标法》和《招标投标法实施条例》学习查阅记录表。

《招标投标法》和《招标投标法实施条例》学习查阅记录表

班级		姓名		日期	
任务	自主学习《招标投标法》和《招标投标法实施条例》	学习途径		查找法条及相关图书资源	
学习要点					
学习查阅记录					
评语			指导老师		

(2)《政府采购法》和《政府采购法实施条例》学习查阅记录表。

《政府采购法》和《政府采购法实施条例》学习查阅记录表

班级		姓名		日期	
任务	自主学习《政府采购法》和《政府采购法实施条例》	学习途径		查找法条及相关图书资源	
学习要点					
学习查阅记录					
评语			指导老师		

能力训练题

一、单项选择题

1. 建设法规体系由6个部分组成，其法律效力由高到低排序正确的是(　　)。
   - A. 建设法律、地方性建设规章、地方性建设法规
   - B. 建设行政法规、建设部门规章、地方性建设法规
   - C. 建设部门规章、建设行政法规、地方性建设法规
   - D. 建设行政法规、建设法律、地方性建设规章

2. 建设行政法规由(　　)负责制定颁行。
   - A. 全国人民代表大会及其常委会
   - B. 国务院
   - C. 国务院建设行政主管部门
   - D. 省(自治区、直辖市)人民代表大会及其常委会

3. 国家扶持建筑业的发展，支持建筑科学技术研究，提高房屋建筑设计水平，鼓励节约能源和保护环境，(　　)采用先进技术、先进设备、先进工艺、新型建筑材料和现代管理方式。
   - A. 提倡
   - B. 鼓励
   - C. 扶持
   - D. 激励

4. 从事建筑活动应当遵守法律、法规，不得损害社会公共利益和他人的合法权益。任何单位和个人都不得妨碍和阻挠(　　)的建筑活动。
   - A. 正在进行
   - B. 正常进行
   - C. 违法开工
   - D. 依法进行

5. (　　)建设行政主管部门对全国的建筑活动实施统一监督管理。
   - A. 省级以上人民政府
   - B. 市级以上人民政府
   - C. 县级以上人民政府
   - D. 国务院

6. 建筑工程开工前，(　　)应当按照国家有关规定向工程所在地县级以上人民政府建设行政主管部门申请领取施工许可证，国务院建设行政主管部门确定的限额以下的小型工程除外。
   - A. 施工单位
   - B. 建设单位
   - C. 监理单位
   - D. 总承包单位

7. 建设单位应当自领取施工许可证之日起(　　)内开工。
   - A. 一个月
   - B. 两个月
   - C. 三个月
   - D. 六个月

8. 已领取施工许可证的工程，因故不能按期开工的，应当向发证机关申请延期；延期以(　　)为限，每次不超过三个月。既不开工又不申请延期或者超过延期时限的，施工许可证自行废止。
   - A. 一次
   - B. 两次
   - C. 三次
   - D. 四次

9. 关于工伤保险和意外伤害保险，说法正确的是(　　)。
   - A. 建筑施工企业应当依法为职工参加工伤保险和意外伤害保险缴纳保险费
   - B. 鼓励建筑施工企业为职工参加工伤保险和意外伤害保险缴纳保险费
   - C. 企业自主决定购买哪种保险
   - D. 建筑施工企业应当依法为职工参加工伤保险缴纳工伤保险费。鼓励企业为从事危险作业的职工办理意外伤害保险，支付保险费

10. 根据《建筑法》的规定，在建的建筑工程因故中止施工的，建设单位应当自中止施工之日起(　　)个月内，向发证机关报告。
    - A. 一
    - B. 二
    - C. 三
    - D. 六

11. 建筑工程的发包单位与承包单位应当依法订立(　　)，明确双方的权利和义务。发包单位和承包单位应当全面履行合同约定的义务。

A. 工程协议　　　　B. 工程合同　　　　C. 书面合同　　　　D. 承包合同

12. 建筑工程依法实行招标发包，对不适于招标发包的可以( )。

A. 直接发包　　　　B. 肢解发包　　　　C. 直接分包　　　　D. 甲方分包

13. 建筑工程总承包单位可以将承包工程中的部分工程发包给具有相应资质条件的分包单位；但是，除总承包合同中约定的分包外，必须经( )认可。

A. 建设单位　　　　B. 监理单位　　　　C. 设计单位　　　　D. 建筑施工企业

14. 建筑工程实行招标发包的，发包单位应当将建筑工程发包给依法中标的承包单位。建筑工程实行直接发包的，发包单位应当将建筑工程发包给具有( )的承包单位。

A. 相应资质条件　　B. 雄厚经济实力　　C. 良好社会信誉　　D. 社会评价好

15. ( )对建筑工程实行总承包，禁止将建筑工程肢解发包。

A. 鼓励　　　　　　B. 激励　　　　　　C. 强制　　　　　　D. 提倡

16. 按照合同约定，建筑材料、建筑构配件和设备由工程承包单位采购的，( )不得指定承包单位购入用于工程的建筑材料、建筑构配件和设备或者指定生产厂、供应商。

A. 监理单位　　　　B. 设计单位　　　　C. 发包单位　　　　D. 政府部门

17. 承包建筑工程的单位应当持有依法取得的资质证书，并在( )许可的业务范围内承揽工程。

A. 安全等级　　　　B. 资质等级　　　　C. 卫生等级　　　　D. 生产等级

18. 大型建筑工程或者结构复杂的建筑工程，可以由( )以上的承包单位联合共同承包。

A. 两个　　　　　　B. 三个　　　　　　C. 四个　　　　　　D. 五个

19. 禁止承包单位将其承包的( )建筑工程转包给他人。

A. 大部分　　　　　B. 部分　　　　　　C. 少部分　　　　　D. 全部

20. 国家推行建筑工程监理制度。( )可以规定实行强制监理的建筑工程的范围。

A. 住房城乡建设部　　　　　　　　　　B. 交通运输部

C. 国务院　　　　　　　　　　　　　　D. 国家发展改革委

21. 工程监理单位应当在其资质等级许可的监理范围内，承担工程监理业务。工程监理单位应当根据建设单位的委托，客观、( )地执行监理任务。

A. 公平　　　　　　B. 公正　　　　　　C. 公开　　　　　　D. 独立

22. ( )负责建筑安全生产的管理，并依法接受劳动行政主管部门对建筑安全生产的指导和监督。

A. 政府主管部门　　B. 政府监督部门　　C. 建设单位　　　　D. 建设行政主管部门

23. 建筑施工企业必须依法加强对建筑安全生产的管理，执行安全生产责任制度，采取有效措施，防止伤亡和其他安全生产事故的发生。建筑施工企业的( )对本企业的安全生产负责。

A. 技术负责人　　　B. 项目经理　　　　C. 法定代表人　　　D. 总工

24. 施工现场安全由( )负责。实行施工总承包的，由总承包单位负责。分包单位向总承包单位负责，服从总承包单位对施工现场的安全生产管理。

A. 建设单位　　　　B. 监理单位　　　　C. 设计单位　　　　D. 建筑施工企业

25. 采购的货物规格、标准统一、现货货源充足且价格变化幅度小的政府采购项目，可以依法采用( )。

A. 竞争性谈判方式采购　　　　　　　　B. 询价方式采购

C. 单一来源方式采购　　　　　　　　　D. 招标方式采购

26. 货物或者服务项目采取邀请招标方式采购的，采购人应当从符合相应资格条件的供应商中，通过随机方式选择( )的供应商，并向其发出投标邀请书。

A. 2家以上   B. 3家以上   C. 5家以上   D. 7家以上

27. 政府采购合同履行中，采购人需追加与合同标的相同的货物、工程或者服务的，在不改变合同其他条款的前提下，可以与供应商协商签订补充合同，但所有补充合同的采购金额不得超过原合同采购金额的(　　)。

A. 10%   B. 20%   C. 30%   D. 50%

二、多项选择题

1. 在中华人民共和国境内从事建筑活动，实施对建筑活动的监督管理，应当遵守《建筑法》。《建筑法》所称建筑活动，是指(　　)。

A. 各类房屋建筑的建造   B. 附属设施的建造

C. 配套的线路、管道的安装活动   D. 配套设备的安装活动

2. 申请领取施工许可证，下列哪些是应当具备的条件：(　　)。

A. 已经办理该建筑工程用地批准手续

B. 依法应当办理建设工程规划许可证的，已经取得建设工程规划许可证

C. 需要拆迁的，其拆迁进度符合施工要求

D. 有满足施工需要的资金安排、施工图纸及技术资料

E. 有保证工程质量和安全的具体措施

3. 从事建筑活动的建筑施工企业、勘察单位、设计单位和工程监理单位，应当具备下列条件：(　　)。

A. 有符合国家规定的注册资本

B. 有与其从事的建筑活动相适应的具有法定执业资格的专业技术人员

C. 有从事相关建筑活动所应有的技术装备

D. 法律、行政法规规定的其他条件

4. 建筑工程监理应当依照(　　)、设计文件和建筑工程承包合同，对承包单位在施工质量、建设工期和建设资金使用等方面，代表建设单位实施监督。

A. 法律   B. 行政法规   C. 监理文件   D. 有关的技术标准

5. 建筑施工企业应当遵守有关环境保护和安全生产的法律、法规的规定，采取控制和处理施工现场的各种粉尘、(　　)、振动对环境的污染和危害的措施。

A. 废气   B. 废水   C. 固体废物   D. 噪声

6. 有下列(　　)情形之一的，建设单位应当按照国家有关规定办理申请批准手续，以及法律、法规规定需要办理报批手续的其他情形。

A. 需要临时占用规划批准范围以外场地的

B. 可能损坏道路、管线、电力、邮电通信等公共设施的

C. 需要临时停水、停电、中断道路交通的

D. 需要进行爆破作业的

7. 工程监理人员认为工程施工不符合(　　)的，有权要求建筑施工企业改正。

A. 监理合同要求   B. 工程设计要求   C. 施工技术标准   D. 合同约定

8. 实施建筑工程监理前，建设单位应当将委托的(　　)，书面通知被监理的建筑施工企业。

A. 总监姓名   B. 工程监理单位   C. 监理的内容   D. 监理权限

9. 北京市人民政府可以制定(　　)等。

A. 行政法规   B. 部门规章   C. 地方性法规

D. 地方政府规章　　　E. 行政规范性文件

10. 下列主体中，可以成为依法必须招标的工程项目投标人的有(　　)。

　　A. 公司　　　　　　　B. 分公司　　　　　　C. 子公司

　　D. 某工程项目经理部　　　　　　　　E. 自然人

11. 某工程建设项目货物招标，有甲、乙、丙、丁、戊5家单位投标，由于某些原因，招标人通知投标人延长投标有效期。下列说法中，符合法律规定的有(　　)。

　　A. 甲、乙、丙拒绝延长投标有效期，招标人可以不退还其投标保证金

　　B. 丁、戊同意延长投标有效期，其投标保证金的有效期应相应延长

　　C. 投标人同意延长投标有效期的，可对投标文件进行修改和补充

　　D. 如因延长投标有效期给投标人造成损失，招标人不予补偿

　　E. 如因不可抗力延长投标有效期，则招标人可不补偿因此给投标人造成的损失

第4章　建设工程招标

实训任务

任务4.1　组建招标团队

【任务要求】

(1) 成立学习小组，便于今后开展学习和实训。

(2) 开展组内分工，形成组织框架。

(3) 开展组内讨论，初步形成团队价值观。

【任务实施】

(1) 分组。根据班级情况，将学生分成若干小组，每个小组成员人数以6~8人为宜。分组方式可根据班级具体情况进行选择。

(2) 团队建设。各小组自行组织开展讨论，完成以下几项内容。

① 进行团队分工。各团队推选项目经理(组长)1人，其他成员分为流程控制组、技术组和商务组。

② 确定团队名称、标识(logo)、价值观(口号)等。本阶段训练团队角色为招标人，各团队模拟成为各招标代理机构。

③ 明确团队目标。今后，将按照分组开展学习和实训，小组成员应团结协作，共同完成任务。

【任务评价】

评价项目	分值	自评分(20%)	互评分(30%)	教师评分(50%)	总分
工作考勤	20				
工作态度	20				
任务分析思路	10				
任务完成情况	30				
协作与沟通	10				
归纳总结	10				
合计	100				

【任务总结】

【任务成果】

填写团队信息表。

团队信息表

公司名称	
项目经理	
流程控制组成员	
技术组成员	
商务组成员	
团队价值观	
团队标识(logo)	

任务4.2　编制招标工作计划

【任务要求】

(1) 根据设定的条件,编制项目招标工作计划。

(2) 时间安排必须符合法律法规的相关规定,且满足最高效原则,即项目招标实施所需时长。

【任务实施】

(1) 小组讨论分析任务目标和项目设定条件。

(2) 明确招标工作主要工作内容。

(3) 确定各工作所需时长,根据设定条件填写相应的时间安排。

(4) 检查时间安排是否符合相关法律法规要求。

【任务评价】

评价项目	分值	自评分(20%)	互评分(30%)	教师评分(50%)	总分
工作考勤	20				
工作态度	20				
任务分析思路	10				
任务完成情况	30				
协作与沟通	10				
归纳总结	10				
合计	100				

【任务总结】

【任务成果】

(1) 填写招标工作计划表。

设定项目采用公开招标、资格预审方式进行，项目名称_____发布招标公告时间设定为
_____年___月___日。

项目招标工作计划表(资格预审)

序号	工作内容	时间安排	备注
1	发布招标公告	____年___月___日至____年___月___日	
2			
3			
4			
5			
6			
7			
8			
9			
10			
11			
12			
13			
14			
15			
16			
17			
18			
19			
20			
21			
22			
23			
24			
25			
26			
27			
28			
29			
30			

设定项目采用公开招标、资格后审方式进行，项目名称＿＿＿＿＿＿＿＿＿＿发布招标公告时间设定
为＿＿＿＿年＿＿月＿＿日。

项目招标工作计划表(资格后审)

序号	工作内容	时间安排	备注
1	发布招标公告	＿＿＿年＿＿月＿＿日至＿＿＿年＿＿月＿＿日	
2			
3			
4			
5			
6			
7			
8			
9			
10			
11			
12			
13			
14			
15			
16			
17			
18			
19			
20			
21			
22			
23			
24			
25			
26			
27			
28			
29			
30			

(2) 绘制公开招标(采用资格预审)时的工作流程图。

(3) 绘制公开招标(采用资格后审)时的工作流程图。

(4) 绘制邀请招标的工作流程图。

任务4.3　编制招标公告

【任务要求】

根据项目基本情况，按照《中华人民共和国标准施工招标文件》(2007版)中的招标公告范本或项目所在地省级招标公告范本，编制完成招标公告。

【任务实施】

(1) 分析项目情况。

(2) 编制完成招标公告。

(3) 按照公文格式完成文本的编辑。

(4) 组内成员互相审核。

【任务评价】

评价项目	分值	自评分(20%)	互评分(30%)	教师评分(50%)	总分
工作考勤	20				
工作态度	20				
任务分析思路	10				
任务完成情况	30				
协作与沟通	10				
归纳总结	10				
合计	100				

【任务总结】

【项目背景】

仁寿县卫生院准备新建一座所老年病医院，由该县发展和改革局以仁发改〔2020〕70号、仁发改〔2021〕137号、仁发改〔2022〕208号批准建设，资金全部来自上级资金和地方配套，采用公开招标的方式，按一个标段组织施工招标。按照《招标投标法》和相关法律法规的规定，建设单位委托××建设工程管理有限公司为招标代理机构，在全国公共资源交易平台(四川省)、全国公共资源交易平台(四川省·眉山市)上发布招标公告。

公告中规定：凡有意参加投标者，请于2023年3月27日09:00至2023年3月31日23:59 (北京时间，下同)，在全国公共资源交易平台(四川省·眉山市)(https://www.msggzy.org.cn)，凭注册认证的数字证书免费获取招标文件等资料。未在眉山市公共资源电子交易平台网完成网上注册的企业，按流程完成注册并领取企业身份认证数字证书后，方可按以上要求购买招标文件，此为获取招标文件唯一途径。招标人不提供招标文件获取的其他方式。投标文件递交的截止时间为2023年4月18日09:30，电子投标文件递交的网址为全国公共资源交易平台(四川省·眉山市)(https://www.msggzy.org.cn)，开标地点为眉山市政务服务和公共资源交易服务中心(眉山市东坡区眉州大道东二段5号综合楼一楼)。

项目情况具体如下。

建设地点：仁寿县钟祥镇青石社区。

建设规模：规划设置床位300张，征地40亩，新建门诊、医技住院大楼18 590平方米、隔离门诊430平方米、行政后勤综合保障楼2 900平方米、公共卫生科1 340平方米、配电房425平方米、门卫室加消防控制室及预检分诊130平方米、污水处理及垃圾暂存房及其他100平方米、地下消防水泵房85平方米(合计：24 000平方米)。可完善附属配套设施建设及设备购置。

总投资：16 000万元(本次施工招标最高限价为97 050 897.38万元)。

计划工期：720日历天。

工程质量要求：符合国家及行业现行施工质量验收标准，满足设计要求达到合格；按照市政务服务和公共资源交易服务中心相关要求，项目采用不见面开标方式。

对投标人的资格要求：具备独立企业法人资格(提供企业营业执照副本)，企业注册地不在四川省行政区域内的省外企业须提供在有效期内的四川省住房和城乡建设厅官网已公开的入川信息网页截图，并在人员、设备、资金等方面具有相应的施工能力，投标人还须具备国家行政主管部门颁发的建筑工程施工总承包一级及以上资质。不接受联合体投标。

【任务成果】

(1) 完成招标公告。

针对本项目背景资料，以四川省房屋建筑和市政工程标准施工招标文件(2021年版)模板(注：该模板适用于四川省行政区域内依法必须招标的房屋建筑和市政工程施工电子招标)，让学生以招标人或招标代理的身份，编写一份施工招标公告。

_____(项目名称)____标段施工招标公告

1. 招标条件

1.1 本招标项目_____(项目名称)已由_____(项目审批、核准或备案机关名称)以_____(批文名称及编号)批准建设，项目业主为_____，建设资金来自_____(资金来源)，项目出资比例为____，招标人为_____。项目已具备招标条件，现对该项目的施工进行公开招标。

1.2 本招标项目由_____(核准机关名称)核准(招标事项核准文号为_____)的招标组织形式为_____(□自行招标 □委托招标)。招标人选择的招标代理机构是_____。

2. 项目概况与招标范围

_____(说明本次招标项目的建设地点、规模及投资额、计划工期、招标范围、标段划分及标段投资额等)。

3. 投标人资格要求

3.1 本次招标要求投标人须具备

3.1.1 资质条件：_____ 。

3.1.2 业绩要求：

□近年(___年__月__日至投标截止时间，不少于3年)(多项选择：□已完成 □已完成或新承接或正在施工)不少于____(1至3个)类似项目。类似项目是指:_____。

□无业绩要求。

3.1.3 项目经理的资格要求：

□项目经理(项目负责人)资格：_____(注册专业)(级别)建造师，具有省级及以上住房城乡建设主管部门颁发的安全生产考核合格证(B证)，_____(业绩要求)，须为本单位人员(若为联合体投标，须为联合体牵头人员)。

□园林绿化工程项目经理(项目负责人)资格：_____(职称级别)专业技术职称，_____(业绩要求)，须为本单位人员(若为联合体投标，须为联合体牵头人员)。

3.2 本次招标□接受 □不接受 联合体投标。联合体投标的，应满足下列要求：_____。

3.3 各投标人均可就上述_____(具体数量)标段投标。

4. 招标文件的获取

4.1 凡有意参加投标者，请于____年____月__日登录：□全国公共资源交易平台(四川省)(网址：http://ggzyjy.sc.gov.cn/) —"登录"—"交易主体"—"建设工程"，通过数字证书免费下载招标资料(招标文件、技术资料等)。

□全国公共资源交易平台(四川省·____市(州))(网址：_____) —"登录"—"____"，通过数字证书免费下载招标资料(招标文件、技术资料等)。

4.2 招标人不提供招标文件获取的其他方式。

5. 投标文件的递交

投标文件递交的截止时间(投标截止时间，下同)为____年__月__日__时___分，投标人应在投标截止时间前在线递交经投标人数字证书加密的数据电文形式投标文件。

6. 发布公告的媒介

本次招标公告在《全国公共资源交易平台(四川省)》和_____(公告发布的其他媒介名称)上发布。

7. 联系方式

招 标 人：＿＿＿＿＿＿＿＿＿＿＿＿＿＿＿

地 址：＿＿＿＿＿＿＿＿＿＿＿＿＿＿＿

邮 编：＿＿＿＿＿＿＿＿＿＿＿＿＿＿＿

联 系 人：＿＿＿＿＿＿＿＿＿＿＿＿＿＿＿

电 话：＿＿＿＿＿＿＿＿＿＿＿＿＿＿＿

传 真：＿＿＿＿＿＿＿＿＿＿＿＿＿＿＿

电子邮件：＿＿＿＿＿＿＿＿＿＿＿＿＿＿＿

网 址：＿＿＿＿＿＿＿＿＿＿＿＿＿＿＿

开户银行：＿＿＿＿＿＿＿＿＿＿＿＿＿＿＿

账 号：＿＿＿＿＿＿＿＿＿＿＿＿＿＿＿

招标代理机构：＿＿＿＿＿＿＿＿＿＿＿＿＿＿＿

地 址：＿＿＿＿＿＿＿＿＿＿＿＿＿＿＿

邮 编：＿＿＿＿＿＿＿＿＿＿＿＿＿＿＿

联 系 人：＿＿＿＿＿＿＿＿＿＿＿＿＿＿＿

电 话：＿＿＿＿＿＿＿＿＿＿＿＿＿＿＿

传 真：＿＿＿＿＿＿＿＿＿＿＿＿＿＿＿

电子邮件：＿＿＿＿＿＿＿＿＿＿＿＿＿＿＿

网 址：＿＿＿＿＿＿＿＿＿＿＿＿＿＿＿

开户银行：＿＿＿＿＿＿＿＿＿＿＿＿＿＿＿

账 号：＿＿＿＿＿＿＿＿＿＿＿＿＿＿＿

＿＿＿＿＿年＿＿月＿＿日

注：

① 若划分标段，则填写标段序号；若划分为两个及以上标段，应分别明确各标段的具体内容、划分情况。

② 招标人对投标人的资质要求，应是国家对投标人资质的强制性规定。不是国家规定必须具备的资质，不得作为资质要求。

③ 招标人对投标人的类似项目业绩要求，设置的投资额、面积、长度等规模量化指标不得高于本次招标工程相应指标，类似项目业绩的定义应明确，用语准确无歧义。

④ 招标人要求投标人需具备的资质一个项目(标段)为一个，因特殊情况需要两个以上资质的，应当接受投标人组成联合体投标，且限定的联合体成员数量不得少于设定的资质个数。

(2) 填写招标公告审核表。

招标公告审核表

序号	审核内容及标准	审核结果	备注
1	字迹清楚无误		
2	载明事项与项目情况相符		
3	阐述清晰，用词准确无歧义		
4	招标投标过程主要事项的时间节点符合规定		
5	发布的媒介符合规定		

任务4.4 编制招标文件"投标人须知"部分

【任务要求】

根据《中华人民共和国标准施工招标文件》(2007年版)和《建设工程施工合同(示范文本)》GF—2017—0201，结合项目实际情况，编制完成招标文件"投标人须知"部分。

【任务实施】

(1) 分析项目情况。

(2) 编制完成招标文件"投标人须知"。

(3) 按照示范文本格式完成文本的编辑。

(4) 组内成员互相审核。

【任务评价】

评价项目	分值	自评分(20%)	互评分(30%)	教师评分(50%)	总分
工作考勤	20				
工作态度	20				
任务分析思路	10				
任务完成情况	30				
协作与沟通	10				
归纳总结	10				
合计	100				

【任务总结】

【任务成果】

(1) 编制投标人须知前附表。

根据"任务4.3 编制招标公告"中的项目背景或者根据教师给出的项目情况，选择模板1、模板2或自行选择本地范本编制完成投标人须知前附表。

模板1：《中华人民共和国标准施工招标文件》(2007年版)投标人须知前附表

投标人须知前附表

条款号	条款名称	编列内容
1.1.2	招标人	名　称：_____ 地　址：_____ 联系人：_____ 电　话：_____
1.1.3	招标代理机构	名　称：_____ 地　址：_____ 联系人：_____ 电　话：_____
1.1.4	项目名称	
1.1.5	建设地点	
1.2.1	资金来源	
1.2.2	出资比例	
1.2.3	资金落实情况	
1.3.1	招标范围	
1.3.2	计划工期	计划工期：_____日历天 计划开工日期：_____年__月__日 计划竣工日期：_____年__月__日
1.3.3	质量要求	
1.4.1	投标人资质条件、能力和信誉	资质条件：_____ 财务要求：_____ 业绩要求：_____ 信誉要求：_____ 项目经理(建造师，下同)资格：_____ 其他要求：_____
1.4.2	是否接受联合体投标	□不接受 □接受，应满足下列要求：_____
1.9.1	踏勘现场	□不组织 □组织，踏勘时间：_____ 　踏勘集中地点：_____
1.10.1	投标预备会	□不召开 □召开，召开时间：_____ 　召开地点：_____
1.10.2	投标人提出问题的截止时间	
1.10.3	招标人书面澄清的时间	
1.11	分包	□不允许 □允许，分包内容要求：_____ 　分包金额要求：_____ 　接受分包的第三人资质要求：_____
1.12	偏离	□不允许 □允许

条款号	条款名称	编列内容
2.1	构成招标文件的其他材料	
2.2.1	投标人要求澄清招标文件的截止时间	
2.2.2	投标截止时间	_____年___月___日___时___分
2.2.3	投标人确认收到招标文件澄清的时间	
2.3.2	投标人确认收到招标文件修改的时间	
3.1.1	构成投标文件的其他材料	
3.3.1	投标有效期	
3.4.1	投标保证金	投标保证金的形式：_____ 投标保证金的金额：_____
3.5.2	近年财务状况的年份要求	_____年
3.5.3	近年完成的类似项目的年份要求	_____年
3.5.5	近年发生的诉讼及仲裁情况的年份要求	_____年
3.6	是否允许递交备选投标方案	□不允许 □允许
3.7.3	签字或盖章要求	
3.7.4	投标文件副本份数	_____份
3.7.5	装订要求	
4.1.2	封套上写明	招标人的地址：_____ 招标人名称：_____ _____ (项目名称) _____标段投标文件 在_____年___月___日___时分前不得开启
4.2.2	递交投标文件地点	
4.2.3	是否退还投标文件	□否 □是
5.1	开标时间和地点	开标时间：同投标截止时间 开标地点：_____
5.2	开标程序	密封情况检查：_____ 开标顺序：_____
6.1.1	评标委员会的组建	评标委员会构成：___人，其中招标人代表___人，专家___人； 评标专家确定方式：_____
7.1	是否授权评标委员会确定中标人	□是 □否，推荐的中标候选人数：_____
7.3.1	履约担保	履约担保的形式：_____ 履约担保的金额：_____
10		需要补充的其他内容
……		

模板2：《四川省房屋建筑和市政工程标准施工招标文件(2021年版)》投标人须知前附表

投标人须知前附表

条款号	条款名称	编列内容
1.1.2	招标人	名　　称：＿＿＿＿＿＿＿＿＿＿＿＿＿＿＿ 地　　址：＿＿＿＿＿＿＿＿＿＿＿＿＿＿＿ 联系人：＿＿＿＿＿＿＿＿＿＿＿＿＿＿＿ 电　　话：＿＿＿＿＿＿＿＿＿＿＿＿＿＿＿
1.1.3	招标代理机构	名　　称：＿＿＿＿＿＿＿＿＿＿＿＿＿＿＿ 地　　址：＿＿＿＿＿＿＿＿＿＿＿＿＿＿＿ 联系人：＿＿＿＿＿＿＿＿＿＿＿＿＿＿＿ 电　　话：＿＿＿＿＿＿＿＿＿＿＿＿＿＿＿
1.1.4	项目名称	＿＿＿＿＿＿＿＿＿＿(项目名称)施工＿＿＿标段
1.1.5	建设地点	＿＿＿＿＿＿＿＿
1.2.1	资金来源	＿＿＿＿＿＿＿＿
1.2.2	出资比例	＿＿＿＿＿＿＿＿
1.2.3	资金落实情况	＿＿＿＿＿＿＿＿
1.3.1	招标范围	＿＿＿＿＿＿＿＿
1.3.2	计划工期	＿＿＿＿＿＿＿＿
1.3.3	质量要求	＿＿＿＿＿＿＿＿
1.4.1	投标人资质条件、能力和信誉	(1) 资质条件：同招标公告或投标邀请书； (2) 财务要求： 　　□近＿＿＿年(限定在3年以内)无亏损； 　　□无财务要求； (3) 业绩要求：同招标公告或投标邀请书； (4) 信誉要求：不存在投标人须知1.4.3规定的限制投标的情形； (5) 项目经理的资格要求：同招标公告或投标邀请书； (6) 技术负责人的资格要求：具有＿＿＿＿＿＿＿＿专业＿＿＿级及以上有效的专业技术职称证书或者具有＿＿＿＿＿＿＿＿＿＿专业＿＿＿级及以上有效的建造师证书； (7) 具备有效的安全生产许可证(园林绿化、电梯安装等不实行安全生产许可的除外)； (8) 其他要求(多项选择)： 　　□企业注册地不在四川省行政区域内的省外企业须提供在有效期内的四川省住房和城乡建设厅官网已公开的入川信息网页截图。 　　□＿＿＿＿＿＿＿＿＿。 注：(1) 招标人在"投标人资质条件、能力和信誉"要求中，除1.4.1已列入的外，招标人不得脱离招标项目的具体特点和实际需要，随意和盲目地设定投标人要求，不得设定与招标项目具体特点和实际需要不相适应的资质资格、技术、商务条件或者业绩、奖项要求，不得设定企业股东背景、年平均承接项目数量或者金额、从业人员、纳税额、营业场所面积等规模条件，不得设定超过项目实际需要的企业注册资本、资产总额、净资产规模、营业收入、利润、授信额度等财务指标，不得设定与招标项目实际需要不相适应或者与合同履行无关的资质、人员资格等，不得设定特定行政区域或者特定行业的业绩、奖项，

条款号	条款名称	编列内容
1.4.1	投标人资质条件、能力和信誉	不得设定投标人在本地注册设立子公司、分公司、分支机构，在本地拥有一定办公面积，在本地缴纳社会保险等，不得限定或者指定特定的专利、商标、品牌、原产地或者供应商，不得限定潜在投标人或者投标人所有制形式或者组织形式，不得设定国家已经明令取消的资质资格、非国家法定的资格，不得设定政府部门、行业协会商会或者其他机构对投标人作出的荣誉奖励和慈善公益证明等，不得设定未列入国家公布的职业资格目录和国家未发布职业标准的人员资格，不得设定要求投标人提供材料供应商授权书等，不得将施工员、质量员、安全员等现场专业管理人员配备情况列入招标文件中投标人响应承诺事项，否则属于以不合理条件限制、排斥潜在投标人或者投标人。 (2) 招标人应该按照住房城乡建设部关于印发《建筑业企业资质标准》的通知(建市〔2014〕159号)和《住房城乡建设部关于简化建筑业企业资质标准部分指标的通知》(建市〔2016〕226号)及其配套规定确定对投标人的资质等级要求。 (3) 资质类别：资质类别应与招标工程内容相对应，当招标工程内容涉及多个资质时，应合理划分标段发包或通过总承包后专业分包的方式发包；确需整体发包要求投标人具备相应多个资质的，应接受投标人组成联合体投标，且不得限制联合体成员的数量。 施工总承包工程应由取得相应施工总承包资质的企业承担。设有专业承包资质的专业工程单独发包时，应由取得相应专业承包资质的企业承担。 (4) 不具备相应资质或超越资质等级取得的业绩，不作为有效业绩认定。 (5) 重组、分立后的企业，其重组、分立前承接的工程项目不作为有效业绩认定；合并后的新企业，原企业在合并前承接的工程项目，提供了企业合并相关证明材料的，作为有效业绩认定。
1.4.2	是否接受联合体投标	□不接受 □接受，应满足下列要求：_____。 (1) 联合体资质应符合法律法规的规定，并按照联合体协议约定的职责分工予以认定。 (2) 联合体投标，应由联合体牵头人获取招标文件和提交投标保证金，在制作数据电文形式投标文件时，投标人名称应填写联合体牵头人名称。如未按要求进行投标，导致投标文件无法读取，由投标人自行负责。
1.4.3	限制投标的情形	除投标人不得存在的12种情形之一外，投标人也不得存在下列情形： (13) 与招标人存在利害关系且可能影响招标公正性的； (14) 在最近三年内投标人或其法定代表人、拟委任的项目经理有行贿犯罪行为的； (15) 在最近一年内投标人拟委任的项目经理因违反《注册建造师管理规定》被建设主管部门或者其他有关部门行政处罚的； (16) 单位负责人为同一人或者存在控股、管理关系的不同单位，不得在同一标段或未划分标段的同一项目中同时投标。 (17) 拟任项目经理在参加本项目投标时(指提交投标文件截止时间)在其他项目担任项目经理的(□在本项目其他标段担任项目经理的除外)。 (18) 根据国家或四川省有关部门制定的联合惩戒措施规范性文件(联合惩戒措施包括限制参与工程招投标或限制参与政府采购活动)，被列为联合惩戒对象的； 注：除此之外招标人不得另行增加其他限制投标情形。 本条(12)、(15)规定的事项，应以有关行政主管部门出具的已生效的行政处罚决定书为依据，"近三年""近一年"应以行政处罚决定书的出具时间起算。 "被暂停或取消投标资格的"是指：

条款号	条款名称	编列内容
1.4.3	限制投标的情形	投标人存在被行政主管部门依据法律、法规、规章作出暂停或取消一定时期投标资格的已生效行政处罚,其限制投标范围与所依据的法律、法规、规章适用范围相同,与行政处罚规定的限制投标行政区域无关。 骗取中标是指投标人实施了以弄虚作假的行为作为谋取中标的手段,投标人只要具有弄虚作假的行为,无论结果是否中标,都属于骗取中标。 "严重违约"是指: (1) 在经营活动中,被行政监督部门或司法机关认定为情节严重的或严重违约的。 (2) 在既往工程建设项目中,转包的。 (3) 在既往工程建设项目中,违法分包2次以上的。
1.9.1	踏勘现场	□组织,时间_____地点_____ 联系人_____联系电话_____ 招标人不组织潜在投标人签到、点名,不出具回执。 □不组织
1.10.1	投标预备会	不召开
1.11	分包	□不允许 □允许,分包内容要求:_____。 接受分包的第三人资质要求:_____。 注:不得要求投标人在投标文件中提供拟分包人的营业执照、资质证书、分包协议等证明文件。
1.12	偏离	□不允许 □允许,可偏离的项目和范围见第七章"技术标准和要求"。
2.1	构成招标文件的其他材料	_____。
2.2.1	投标人要求澄清招标文件的截止时间	时间:投标截止时间10日前。 形式:通过□《全国公共资源交易平台(四川省)》□《全国公共资源交易平台(四川省·_____市(州))》向招标人提出。如有疑问,应在规定的时间前通过□《全国公共资源交易平台(四川省)》□《全国公共资源交易平台(四川省·_____市(州))》向招标人提出需澄清的问题,要求招标人对招标文件予以澄清。
2.2.2	招标文件的澄清	投标截止时间:____年__月__日__时__分 招标文件的澄清应于投标截止时间15日前,在《全国公共资源交易平台(四川省)》发布,涉及到工程量清单、招标控制价和评标办法修改的,应将修改后的招标文件作为附件上传,对招标文件的所有修改内容应在澄清文件正文中全部列出,新上传的招标文件中修改内容与澄清文件正文不一致的,以澄清文件正文为准。若澄清文件发出的时间距投标截止时间不足15日,则应延长投标截止时间(不影响投标文件编制的情形除外)。投标人应实时在□《全国公共资源交易平台(四川省)》□《全国公共资源交易平台(四川省·_____市(州))》上查询澄清文件,投标人未下载澄清文件的,其后果由投标人承担。
2.2.3	投标人确认收到招标文件澄清	自行查询,无须确认。
2.3.1	招标文件的修改	招标文件的修改应于投标截止时间15日前,在《全国公共资源交易平台(四川省)》发布,涉及到工程量清单、招标控制价和评标办法修改的,应将修改后的招标文件作为附件上传,对招标文件的所有修改内容应在修改文件正文中全部列出,新上传的招标文件中修改内容与修改文件正文不一致的,以修改文件正文为准。若修改文件发出的时间距投标截止时间不足15日,则应延长投标截

(续表)

条款号	条款名称	编列内容
2.3.1	招标文件的修改	止时间(不影响投标文件编制的情形除外)。投标人应实时在□《全国公共资源交易平台(四川省)》□《全国公共资源交易平台(四川省·____市(州))》上查询修改文件,投标人未下载修改文件的,其后果由投标人承担。
2.3.2	投标人确认收到招标文件修改	自行查询,无须确认。
3.1.1	构成投标文件的其他材料	_____。
3.3.1	投标有效期	_____日历天(从投标截止之日起计算) 注:在原投标有效期内未完成评标和签订合同的,招标人应当通知所有投标人延长投标有效期;拒绝延长投标有效期的投标人有权收回投标保证金;没有拒绝延长投标有效期的投标人自动延长其投标担保的有效期,但不得修改投标文件的实质性内容。因延长投标有效期造成投标人损失的,招标人应当给予补偿,但因不可抗力需延长投标有效期的除外。
3.4.1	投标保证金	□ 不要求投标人提交投标保证金。 □ 要求投标人提交投标保证金。投标保证金的金额:人民币(大写)_____(¥_____元)。 投标人可以选择下列两种形式之一提交: (1) 投标人通过其基本账户: □ 在《全国公共资源交易平台(四川省)》的_____系统在线支付(以到达收款银行时间为准)。 □ 在《全国公共资源交易平台(四川省·____市(州))》的_____系统在线支付(以到达收款银行时间为准)。 转账的投标保证金应在投标截止时间前到达系统指定账户。 (2) 以银行电子保函或专业担保公司电子保函或电子保险合同形式提交。投标人应在投标截止时间前通过: □《全国公共资源交易平台(四川省)》_____系统申办电子保函或电子保险合同。 □《全国公共资源交易平台(四川省·____市(州))》_____系统申办电子保函或电子保险合同。 电子保函或电子保险合同的生效时间最迟不晚于投标截止时间,在投标有效期内保持有效。
3.4.3	投标保证金的退还	□ 不适用(不要求投标人提交投标保证金的) □ 在线提交的投标保证金,招标人最迟应当在书面合同签订后 5 日内向中标人和未中标的投标人退还投标保证金到投标人的基本账户,退还投标保证金时通过_____系统原路径退还。
3.4.4	投标保证金不予退还的情形	在投标活动中,投标人串通投标、弄虚作假的或中标人在收到中标通知书后,无正当理由拒签合同协议书的,投标保证金也不予退还。 其他情形:_____。
3.5.2	近年财务状况的年份要求	□ 无 □ 有,具体要求:近_____年
3.5.3	近年完成的类似项目的年份要求	□ 无 □ 有,具体要求:____年___月___日至投标截止时间
3.5.5	近年发生的诉讼及仲裁情况的年份要求	□ 本次投标不提供 □ 具体要求:____年___月___日至投标截止时间

条款号	条款名称	编列内容
3.6	是否允许递交备选投标方案	□ 不允许 □ 允许 备选投标方案的编制要求见附表七"备选投标方案编制要求",评审和比较办法见第三章"评标办法"。
3.7.1	投标文件格式	(1) 不得对招标文件规定的投标文件格式的内容进行改变原意或影响投标实质性的删减或修改。 (2) 投标人可以在投标文件格式内容之外另行说明和增加相关内容,作为投标文件的组成部分。另行说明或自行增加的内容,以及按投标文件格式在空格(下划线)由投标人填写的内容,不得与招标文件的强制性审查标准和禁止性规定相抵触。 (3) 按投标文件格式在空格(下划线)由投标人填写的内容,不需要填写的,可以在空格中用"/"标示,也可以不填(空白)。 (4) 投标文件应对招标文件提出的所有实质性要求和条件作出实质性响应,并且实质性响应的内容不得互相矛盾。 (5) 投标文件所附证明材料应清晰可辨。 (6) 投标文件应为使用符合系统要求的投标文件制作工具制作生成的_____格式文件。
3.7.3	投标文件签字或盖章要求	(1) 数据电文形式投标文件中所有要求签字的地方应使用电子签章。过渡期内,使用直接录入内容并上传用不褪色的墨水(签字笔)由本人亲笔手写签字(包括姓和名)的扫描件,不得用盖章(如签名章、签字章等)代替,也不得由他人代签。 (2) 数据电文形式投标文件所有要求盖章的地方均应使用投标人电子签章,不得使用专用印章(如经济合同章、投标专用章等)或直属(下属)单位印章代替。 (3) 数据电文形式投标文件封面、投标函应使用投标人电子签章。
4.1	投标文件加密要求	在线递交的数据电文形式投标文件,须经投标人数字证书加密。
4.2.1	投标截止时间	_____年__月__日__时__分
4.2.2	投标文件 递交地点	投标人应在投标截止时间前在线递交经投标人数字证书加密的数据电文形式投标文件,不接受现场递交。
5.1	开标时间和地点	开标时间:同投标截止时间 开标地点:投标时间截止后,招标人或其委托代理机构在开标系统中进入线上开标环节。投标人登录□《全国公共资源交易平台(四川省)》□《全国公共资源交易平台(四川省·_____市(州))》电子交易系统,参与在线开标。
5.2	开标程序	(1) 投标截止时间前,投标人登录□《全国公共资源交易平台(四川省)》□《全国公共资源交易平台(四川省·_____市(州))》电子交易系统。 (2) 投标截止时间后,招标人或其委托代理机构在开标系统中组织线上开标,系统将自动展示所有参与项目的投标人名单、投标保证金递交情况等相关信息。 (3) 投标文件解密。 (4) 系统展示各投标人名称、投标报价等内容。 (5) 按照评标办法规定进行有关随机抽取事项(如有)。 (6) 将招标文件、投标文件导入电子辅助评标系统。 (7) 提出异议,处理异议。 (8) 生成开标记录表,开标结束。

条款号	条款名称	编列内容
5.2	开标程序	投标人最迟应在完成上述第(6)项程序后10分钟内在线提出异议,招标人或其委托招标代理机构在线即时答复处理。如投标人未提出异议的,视为其认可开标过程、开标内容和开标结果。 投标文件无法导入开标系统或未解密的,视为撤回其投标文件。已导入电子开标系统但无法导入电子评标系统的,招标人(或招标代理机构)做好开标记录,其投标文件由评标委员会作否决处理。
6.1.1	评标委员会 的组建	评标委员会构成:____人 其中:招标人代表____人,评标专家____人。 评标专家确定方式:_____ 注:评标委员会组建时,可增加评标委员会人数,但招标人代表人数不能增加。
6.3	评标办法	□ 综合评估法 □ 经评审的最低投标价法
7.1	是否授权评标委员会确定 中标人	□ 是 □ 否,推荐的中标候选人数:3人,当符合要求的投标人少于需推荐的人数,评标委员会推荐的人数可少于需推荐的人数。
7.3.1	履约担保	投标最高限价_____元。 履约保证金=中标价(扣除招标暂定部分)的____%。 投标人可以选用下列形式之一提交履约保证金: (1) 以现金或者支票形式全额提交。采用该形式的履约担保必须通过中标人基本账户以银行转账方式提交。 (2) 以银行保函或专业担保公司保函或保险合同形式全额提交。采用该形式的履约担保必须提供银行出具的保函或保险公司出具的保险合同或专业担保公司出具的保函原件。 (3) 以现金或者支票、银行保函或专业担保公司保函或保险合同形式组合提交。采用现金或者支票形式的履约担保必须通过中标人基本账户以银行转账方式提交;采用银行保函或专业担保公司保函或保险合同形式的履约担保必须提供银行出具的保函或专业担保公司出具的保函或保险公司出具的保险合同原件。 注:《四川省住房和城乡建设厅中国银行保险监督管理委员会四川监管局关于深入推进建设工程保证保险工作的通知》(川建行规〔2019〕8号)规定:"严格落实国务院清理规范工程建设领域保证金的工作要求,积极推行工程担保制度,支持银行业金融机构、专业担保公司、保险机构作为工程担保保证人开展工程担保业务。建筑企业可以银行保函、专业担保公司担保函、保证保险等方式替代现金缴纳各类保证金,任何单位不得无故拒绝。"
10		需要补充的其他内容
10.1	编页码	不需要。
10.2	招标代理服务费	□ 不适合(自行招标)。 □ 招标人支付。 □ 中标的投标人支付,支付标准:_____(按照招标代理合同约定填写)。
10.3	报价唯一	投标报价文件(包括投标函)中的任何单价、合价或总价,不论其大写金额或小写金额均只能有一个,否则,报价评审组应否决其投标。

条款号	条款名称	编列内容
10.4	低于成本报价	启动是否低于成本评审的前提条件： 当投标人投标报价中的评审价(评审价＝算术修正后的投标总价－安全文明施工费－规费－专业工程暂估价－暂列金额，下同)满足下列情形之一时，报价评审组必须对投标人的投标报价是否低于成本进行评审： (一) 投标人的评审价低于招标控制价相应价格(招标控制价相应价格＝招标控制价－安全文明施工费－规费－专业工程暂估价－暂列金额，下同)的85%。 (二) 投标人的评审价低于招标控制价相应价格的90%且低于所有投标人(指投标文件全部内容经过详细评审而未被否决的投标人)评审价算术平均值的95%。 当投标人的评审价低于招标控制价相应价格的85%时，投标人应在投标报价中对其低报价进行说明，阐明理由和依据，并在投标文件中附相关证明材料。
10.5	中标价	以中标的投标人在投标函中的投标报价为准。按第三章"评标办法"3.1.3对投标报价进行修正的，以投标人接受的修正价格为中标价。 无论是采用综合评估法还是经评审的最低投标价法，不保证报价最低的投标人中标，也不解释原因。
10.6	确定中标人	如投标人被推荐为第一中标候选人的多个标段配置了相同的项目经理或技术负责人，则按如下方式选择其中一个标段作为中标人： □ 由投标人选择中标的合同段，选择原则为：_____。 □ 由招标人选择中标的合同段，选择原则为：_____。 注：(1) 根据《中华人民共和国招标投标法实施条例》第五十五条，国有资金占控股或者主导地位的依法必须进行招标的项目，招标人应当确定排名第一的中标候选人为中标人。排名第一的中标候选人放弃中标、因不可抗力不能履行合同、不按照招标文件要求提交履约保证金，或者被查实存在影响中标结果的违法行为等情形，不符合中标条件的，招标人可以按照评标委员会提出的中标候选人名单排序依次确定其他中标候选人为中标人，也可以重新招标。 (2) 根据《工程建设项目施工招标投标办法》(七部委30号令)第五十八条，国有资金占控股或者主导地位的依法必须进行招标的项目，招标人应当确定排名第一的中标候选人为中标人。排名第一的中标候选人放弃中标、因不可抗力提出不能履行合同、不按照招标文件的要求提交履约保证金，或者被查实存在影响中标结果的违法行为等情形，不符合中标条件的，招标人可以按照评标委员会提出的中标候选人名单排序依次确定其他中标候选人为中标人。依次确定其他中标候选人与招标人预期差距较大，或者对招标人明显不利的，招标人可以重新招标。
10.7	合同履行过程中物价波动引起的价格调整	□ 可以调整。按第四章"合同条款及格式"处理。 □ 不可以调整。在履行合同时，应按照合同约定的单价和价格作价进行支付，即投标报价表中标明的单价和价格在合同执行过程中是固定不变的，不因物价波动而调整，风险和收益由承包人自行承担。但因法律变化引起的价格调整除外。 注：(1)《工程建设项目施工招标投标办法》(七部委30号令)第三十条："施工招标项目工期较长的，招标文件中可以规定工程造价指数体系、价格调整因素和调整方法。" (2)《建设工程工程量清单计价规范》(GB 50500—2013)第3.4.1条："建设工程承发包，必须在招标文件、合同中明确计价中的风险内容及其范围，不得采用无限风险、所有风险或类似语句规定计价中的风险内容及范围。"
10.8	压证施工制度	实行项目经理压证施工制度。投标文件承诺的项目经理的执业资格证书原件，须在签订合同前由中标人提供给项目业主，合同标的的主体工程完工后方予退还。

条款号	条款名称	编列内容
10.9	严禁转包和违法分包	中标人在合同履行中，不得存在《建筑工程施工发包与承包违法行为认定查处管理办法》(建市规〔2019〕1号)规定的转包和违法分包的情形。
10.10	招标文件内容冲突的解决及优先适用次序	招标文件中招标人编制的内容前后有矛盾或不一致，有时间先后顺序的，以时间在后的修改、澄清或补正文件为准；没有时间先后顺序的，以公平的原则进行处理。投标人须知前附表和招标文件中"注"的内容与正文不一致时，以投标人须知前附表和招标文件中"注"的内容为准。 对招标文件的内容理解有争议的，由招标人按照招标文件所使用的词句、招标文件的有关条款、招标的目的、习惯以及诚实信用原则，确定该条款的真实意思，有两种以上解释的，作出不利于招标人一方的解释。
10.11	投标文件的真实性要求	投标人所递交的投标文件(包括有关资料、澄清)应不存在弄虚作假或隐瞒。 投标人声明不存在限制投标情形但被发现存在限制投标情形的，属于隐瞒情形(单位负责人为同一人或者存在控股、管理关系的不同单位，在同一段投标或者未划分标段的同一招标项目投标，若投标人在投标文件中已填报上述信息的，不属于隐瞒情形)。 如投标文件存在弄虚作假或隐瞒，在评标阶段发现的，评标委员会应将该投标文件作否决投标处理；中标候选人确定后发现的，招标人可以取消中标候选人或中标人资格。
10.12	知识产权	构成本招标文件的各组成部分，未经招标人书面同意，投标人不得擅自复印和用于非本招标项目所需的其他目的。招标人全部或者部分使用未中标人投标文件中的技术成果或技术方案时，需征得其书面同意，并不得擅自复印或提供给第三人。
10.13	中标候选人公示媒介及期限	公示媒介：同招标公告发布媒介 公示期限：5个工作日
10.14	计算机辅助评标	本次招标采用计算机辅助评标系统进行评标，投标人应保证其所递交的包含CJZ格式的已标价工程量清单文件的_____格式数据电文投标文件能够为计算机辅助评标系统正确读取。
投标人须知前附表增加条款表		
条款号	条款名称	编列内容
……	……	……
……	……	……

任务4.5　组织现场踏勘

【任务要求】

(1) 招标人根据项目情况，按照"任务4.4 编制招标文件'投标人须知'部分"编制的投标人须知前附表要求的时间、地点，组织潜在投标人进行现场踏勘。

(2) 投标人在现场踏勘过程中认真记录现场情况，完成现场踏勘记录。

【任务实施】

(1) 小组讨论分析，确定现场踏勘的时间、地点，参加现场踏勘的人员。

(2) 准备好现场踏勘需要的资料、物品。

(3) 向参加现场踏勘的潜在投标人介绍施工现场情况。

(4) 投标人对施工现场进行勘查并记录现场情况。

【任务评价】

评价项目	分值	自评分(20%)	互评分(30%)	教师评分(50%)	总分
工作考勤	20				
工作态度	20				
任务分析思路	10				
任务完成情况	30				
协作与沟通	10				
归纳总结	10				
合计	100				

【任务总结】

【任务成果】

(1) 编制施工现场情况介绍。

假设项目施工现场三通一平工作已完成，请根据实际情况，写一份施工现场情况介绍。

(2) 完成现场踏勘记录。

根据招标人所做的现场情况介绍、现场踏勘的实际情况及项目的要求，做现场踏勘记录。

现场踏勘记录

现场踏勘时间		现场踏勘地点	
施工现场情况记录	三通一平情况		
	地形地貌		
	施工现场条件		
	附近生活设施		
	其他		

任务4.6 组织投标预备会

【任务要求】

根据"任务4.4 编制招标文件'投标人须知'部分"中所要求的时间、地点，模拟组织一次投标预备会。在投标预备会上，就项目在招标文件发售后发生的情况向潜在投标人进行说明和澄清，并做会议记录。

【任务实施】

(1) 仔细阅读招标文件，确定投标预备会的时间、地点。

(2) 讨论分析项目背景情况，做好投标预备会前的各项准备。

(3) 召开投标预备会。

(4) 制作会议记录。

【任务评价】

评价项目	分值	自评分(20%)	互评分(30%)	教师评分(50%)	总分
工作考勤	20				
工作态度	20				
任务分析思路	10				
任务完成情况	30				
协作与沟通	10				
归纳总结	10				
合计	100				

【任务总结】

【项目背景】

本项目为依法必须招标的施工项目，在招标文件发售后发生如下情况：

(1) 潜在投标人对工程量清单中清单编号为010501004002的筏板基础C30混凝土的工程量提出异议，招标人进行核验后，对其工程量进行了修改，由原来的207.8m³，变更为312.9m³。

(2) 现场踏勘过程中，潜在投标人发现施工现场有两个污水井，询问招标人是否需要对污水井及相应管道进行保护，招标人表示会在投标预备会上进行答复。

(3) 由于对工程量清单进行了变更，开标时间往后顺延了5日。

(4) 假定原开标时间为****年**月**日**时**分

【任务成果】

完成投标预备会会议记录。

项目投标预备会会议记录

会议时间		会议地点	
主持人			
会议的主要内容：			

能力训练题

一、单项选择题

1. 建筑工程开工前,(   )应当按照国家有关规定向工程所在地县级以上人民政府建设行政主管部门申请领取施工许可证。

    A. 施工单位   B. 建设单位   C. 监理单位   D. 设计单位

2. 中标人应当就分包项目向招标人负责,接受分包的人就分包项目承担(   )责任。

    A. 直接责任   B. 连带责任   C. 完成责任   D. 义务

3. 《招标投标法》规定,开标时间应为(   )。

    A. 提交投标文件截止时间   B. 提交投标文件截止时间的次日

    C. 提交投标文件截止时间的7日后   D. 其他约定时间

4. 根据《必须招标的工程项目规定》,强制规定范围内的项目,其勘察、设计、监理等服务的采购,单项合同估算价在(   )万元人民币以上的,必须招标。

    A. 20   B. 100   C. 150   D. 50

5. 根据《招标投标法》规定,招标人对已发出的招标文件进行必要的澄清或修改的,应当在招标文件要求提交投标文件的截止时间至少(   )日前,以书面形式通知所有招标文件收受人。

    A. 10   B. 15   C. 20   D. 30

6. 邀请招标是招标人以(   )的方式邀请特定的法人或其他组织投标。

    A. 招标邀请书   B. 投标邀请书   C. 招标公告   D. 招标广告

7. 提交投标文件的投标人数少于(   )个的,招标人应当依法重新招标。

    A. 2   B. 3   C. 4   D. 5

8. 招标人组织现场踏勘后,对投标人在答疑会上提出的问题,招标人应当(   )。

    A. 以口头的形式答复提出人   B. 以书面的形式回复提出人

    C. 以书面的形式答复所有投标人   D. 可以不向其他的投标人答复

9. 《招标投标法》规定,投标文件应该对招标文件提出的实质性要求和条件(   )。

    A. 提出修改的意见   B. 作出实质性响应

    C. 提出要约的条件   D. 通过谈判协商后确定

10. 招标文件、图纸和有关技术资料发放给通过资格预审获得投标资格的投标单位。投标单位应当认真核对,核对无误后以(   )形式予以确认。

    A. 会议   B. 电话   C. 口头   D. 书面

11. 投标保证金的有效期限从(   )之日起计算。

    A. 招标文件出售   B. 投标文件递交   C. 投标截止   D. 中标通知书发出

12. 下列关于施工邀请招标有关工作先后顺序的说法中,正确的是(   )。

    A. 发布招标公告、开标、审查投标人资格

    B. 发出投标邀请书、开标、审查投标人资格

    C. 发布招标公告、审查投标人资格、发售招标文件

    D. 审查投标人资格、发出投标邀请书、发售招标文件

13. 下列关于招标阶段现场考察的说法中,正确的是(   )。

    A. 由招标人组织,费用由投标人承担

    B. 由招标人组织,费用也由招标人承担

C. 由投标人组织，费用由招标人承担

D. 由投标人组织，费用也由投标人承担

14. 招标项目开标时，检查投标文件密封情况的应当是(　　)。

　　A. 投标人　　　　　　　　　　　　　B. 招标单位的纪检部门人员

　　C. 招标代理机构人员　　　　　　　　D. 招标人

15. 招标项目的中标人确定后，招标人对未中标投标人应做的工作是(　　)。

　　A. 通知中标结果并退还投标保证金

　　B. 不通知中标结果，也不退还投标保证金

　　C. 通知中标结果，但不退还投标保证金

　　D. 不通知中标结果，但退还投标保证金

16. 招标公告的内容不包括(　　)。

　　A. 招标条件　　　　　　　　　　　　B. 项目概况与招标范围

　　C. 发布公告的媒介　　　　　　　　　D. 资格预审文件的获取

17. 某工程招标，投标文件内容未完全响应招标文件，但仍属于有效投标文件情况的是(　　)。

　　A. 联合体投标没有提交联合体协议书

　　B. 投标保函金额少于招标文件的要求

　　C. 投标工期长于招标文件中要求的工期

　　D. 未详细说明使用专利施工的技术细节

18. 发包人应在双方确认计量结果后(　　)天内，向承包人支付工程款。

　　A. 28　　　　　　　B. 14　　　　　　　C. 56　　　　　　　D. 7

19. 下列行为不属于分包的包括(　　)。

　　A. 总承包人将其承包的工程分包给另一家承包人

　　B. 某承包人将其承包的劳务部分分包

　　C. 某承包人将其承包的群体工程1/3分包给另一承包人

　　D. 某承包人将其承包工程的设备安装部分分包

20. 关于招标控制价的编制，论述正确的是(　　)。

　　A. 计价依据包括国家或省级的计价定额和计价办法，不包括行业建设主管部门颁发的计价办法

　　B. 招标人在招标文件中公布招标控制价时，应只公布招标控制价总价，不得公布招标控制价各组成部分的详细内容

　　C. 综合单价中不包括招标文件中要求投标人所承担的风险内容及其范围产生的风险费用

　　D. 暂列金额的数额招标人不能任意确定

21. 采用总价计算的措施项目不包括(　　)。

　　A. 二次搬运费　　　　　　　　　　　B. 非夜间施工照明费

　　C. 脚手架费　　　　　　　　　　　　D. 夜间施工增加费

22. 标底和招标控制价的主要区别是(　　)。

　　A. 标底应当保密，而招标控制价应当在开标时公布

　　B. 招标控制价应当保密，而标底应当在开标时公布

　　C. 标底应当保密，而招标控制价应当在招标文件中公布

　　D. 招标控制价应当保密，而标底应当在招标文件中公布

23. 关于招标控制价的编制，论述正确的是(　　)。

    A. 暂列金额一般可以分部分项工程费的15%～20%为参考

    B. 综合单价中不包括招标文件中要求投标人所承担的风险内容及其范围产生的风险费用

    C. 招标人在招标文件中公布招标控制价时，应只公布招标控制价总价，不得公布招标控制价各组成部分的详细内容

    D. 计价依据包括国家或省级、行业建设主管部门颁发的计价定额和计价办法

二、多项选择题

1. 某招标项目由于主观原因，导致在招标文件规定的投标有效期内没有完成评标和定标，则投标人有权(　　)。

    A. 要求撤回投标文件   B. 要求退还投标保证金

    C. 拒签延长投标保函有效期   D. 要求将合同授予他们协商推举的中标人

    E. 要求赔偿损失

2. 在总投资为2000万元的使用国有资金的一个建设项目中，必须通过招标签订合同的有(　　)。

    A. 单项合同估算价为1000万元的施工项目

    B. 单项合同估算价为270万元的材料采购项目

    C. 单项合同估算价为30万元的设计项目

    D. 单项合同估算价为20万元的勘察项目

    E. 单项合同估算价为120万元的监理项目

3. 在招标程序中，(　　)等将作为未来合同文件的组成部分。

    A. 招标文件   B. 中标函   C. 中标人的投标文件

    D. 发出中标通知书后双方协商对投标价格的修改

    E. 未发中标通知书前双方协商对投标价格的修改

4. 建设行政主管部门发现(　　)情况时，可视为招标人违反《招标投标法》的规定。

    A. 没有委托代理机构招标的

    B. 在资格审查条件中设置不允许外地区承包商参与投标的规定的

    C. 没有编制标底的

    D. 强制投标人必须结成联合体投标的的

    E. 在评标方法中设置对外系统投标人压低分数的规定

5. 下列事宜中，依法可以由招标代理机构承担的包括(　　)。

    A. 出售资格预审文件   B. 编写评标报告   C. 组织开标、评标

    D. 向投标人解析评标过程   E. 编制投标文件

6. 招标控制价的编制内容包括(　　)。

    A. 分部分项工程费   B. 措施项目费   C. 其他项目费   D. 规费和税金

7. 非竞争性费用具体包括(　　)。

    A. 分部分项工程费   B. 计日工清单   C. 暂列金额   D. 暂估价

8. 下列有关招标控制价的说法，正确的是(　　)。

    A. 招标控制价应在招标文件中公布，不应上调或下浮

    B. 投标人的投标报价高于招标控制价的，其投标应予以接受

    C. 国有资金投资的工程建设项目应实行工程量清单招标，且必须编制招标控制价

    D. 招标控制价超过批准的概算时，招标人应将其报原概算审批部门审核

E. 招标控制价是标底的一种，应在开标前进行保密

9. 招标人在编制招标控制价时，(   )是必须要编制的。

    A. 暂估价　　　　　　　　B. 计日工　　　　　　　C. 暂列金额　　　　　D. 总包服务费

10. 招标控制价的编制依据包括(   )。

    A. 国家或省级、行业建设主管部门颁发的计价定额和计价办法

    B. 工程造价管理机构发布的工程造价信息；若工程造价信息没有发布的，参照市场价

    C. 拟定的招标文件及招标工程量清单

    D. 施工现场情况、工程特点及常规施工方案

11. 以下正确的是(   )。

    A. 接受委托编制标底或者最高投标限价的中介机构不得参加该项目的投标

    B. 招标人可以自行决定是否编制标底

    C. 招标代理机构可以为该项目的投标人编制投标文件或者提供咨询

    D. 招标人可以规定最低投标限价

    E. 接受委托编制标底或者最高投标限价的人员不需要具有相应资质

三、案例分析题

1. 某省使用国有资金投资的某重点工程项目计划于2020年9月8日开工，招标人拟采用公开招标方式进行项目施工招标，并委托某具有招标代理和造价咨询资质的招标代理机构编制招标文件，文件中接受联合体投标。招标过程中发生了以下事件。

- 事件1：招标人规定2020年1月20日—25日为招标文件发售时间。2020年2月16日下午4时为投标截止时间。投标有效期自投标文件发售时间算起总计120天。

- 事件2：2020年2月10日招标人书面通知各投标人：删除该项目所有房间精装修的内容，代之以水泥砂浆地面、抹灰墙及抹灰天棚，投标文件可顺延至2020年2月21日。

问题：

(1) 该项目必须编制招标控制价吗？招标控制价应根据哪些依据编制与复核？如投标人认为招标控制价编制过低，应在什么时间内向何机构提出？

(2) 请指出事件1的不妥之处，说明理由。

(3) 事件2中招标人做法是否妥当？说明理由。

2. 某建设单位准备建一座图书馆，建筑面积5 000平方米，预算投资400万元，工期为10个月。工程采用公开招标的方式确定承包人。按照相关法律法规的规定，建设单位编制招标文件，并向当地建设行政主管部门提出招标申请，得到批准。建设单位依照有关招标投标程序进行公开招标。

由于该工程设计上比较复杂，根据当地建设局的建议，对参加投标单位的要求是不低于二级资质。

拟参加此次投标的5家单位中A、B、D单位为二级资质，C单位为三级资质，E单位为一级资质，而C单位的法定代表人是建设单位某主要领导的亲戚。

建设单位招标工作小组在资格预审时出现了分歧，正在犹豫不决时，C单位准备组成联合体投标，经C单位法定代表人的私下活动，建设单位同意让C单位与A单位联合承包工程，并明确向A暗示，如果不接受这个投标方案，则该工程的中标将授予B单位。A单位为了中标，同意与C单位组成联合体承包该工程。于是A单位和C单位联合投标获得成功，与建设单位签订了合同，A单位与C单位也签订了联合承包工程的协议。

问题：

(1) 简述公开招标的基本程序。

(2) 在上述招标过程中，作为该项目的建设单位其行为是否合法？为什么？

(3) A单位和C单位组成投标联合体是否有效？为什么？

3. 某地政府投资工程采用委托招标方式组织施工招标。依据相关规定，资格预审文件采用《中华人民共和国标准资格预审文件》(2007版)编制。招标人共收到16份资格预审申请文件，其中2份资格申请文件系在资格预审申请截止时间后2分钟收到。招标人按照以下程序组织了资格审查：

(1) 组建资格审查委员会，由审查委员会对资格预审申请文件进行评审和比较。审查委员会由5人组成，其中招标人代表1人，招标代理机构代表1人，政府相关部门组建的专家库内的专家2人。

(2) 对资格预审申请文件外封装进行检查，发现2份申请文件的封装、1份申请文件的封套盖章不符合资格预审文件的要求，这3份资格预审申请文件为无效申请文件。审查委员会认为只要在资格审查会议开始前送达的申请文件均为有效。这样，2份在资格预审申请截止时间后送达的申请文件，由于其外封装和标识符合资格预审文件的要求，为有效资格预审申请文件。

(3) 对资格预审申请文件进行初步审查。发现有1家申请人使用的施工资质为其子公司资质，还有1家申请人为联合体申请人，其中1个成员又单独提交了1份资格预审申请文件。审查委员会认为这3家申请人不符合相关规定，不能通过初步审查。

(4) 对通过初步审查的资格预审申请文件进行详细审查。审查委员会依照资格预审文件中确定的初步审查事项，发现有1家申请人的营业执照副本(复印件)已经超出了有效期，于是要求这家申请人提交营业执照的原件进行核查。在规定的时间内，该申请人将其重新申办的营业执照原件交给了审查委员会核查，确认合格。

(5) 审查委员会经过上述审查程序，确认了通过以上第(2)(3)步的10份资格预审申请文件通过了审查，并向招标人提交了资格预审书面审查报告，确定了通过资格审查的申请人名单。

问题：

(1) 招标人组织的上述资格审查程序是否正确？为什么？如果不正确，给出一个正确的资格审查程序。

(2) 审查过程中，指出审查委员会的做法不妥之处，并说明理由。

(3) 如果资格预审文件中规定确定7名资格审查合格的申请人参加投标，招标人是否可以在上述通过资格预审的10人中直接确定，或者采用抽签方式确定7人参加投标？为什么？正确的做法应该是什么？

第5章　建设工程投标

实训任务

任务5.1　编制投标文件1

【任务要求】

(1) 根据第4章实训任务的条件，以所在小组模拟的公司为投标人，编制投标函。

(2) 模拟编制法定代表人身份证明和授权委托书。

【任务实施】

(1) 分析案例情况，熟悉投标函格式，小组讨论确定投标指标，填写编制投标函。

(2) 模拟本组组长为投标人法定代表人，填写编制法定代表人身份证明。

(3) 模拟本组组长为投标人法定代表人、本组某同学为代理人，填写编制授权委托书。

【任务评价】

评价项目	分值	自评分(20%)	互评分(30%)	教师评分(50%)	总分
工作考勤	20				
工作态度	20				
任务分析思路	10				
任务完成情况	30				
协作与沟通	10				
归纳总结	10				
合计	100				

【任务总结】

【任务成果】

(1) 填写投标函。

投标函

_____(招标人名称):

1. 我方已仔细研究了_____(项目名称)_____标段施工招标文件的全部内容，愿意以人民币(大写)_____元 (¥_____)的投标总报价，工期_____ 日历天，按合同约定实施和完成承包工程，修补工程中的任何缺陷，工程质量达到_____。

2. 我方承诺在投标有效期内不修改、撤销投标文件。

3. 随同本投标函提交投标保证金一份，金额为人民币(大写)_____元(¥_____)。

4. 如我方中标:

   (1) 我方承诺在收到中标通知书后，在中标通知书规定的期限内与你方签订合同。

   (2) 随同本投标函递交的投标函附录属于合同文件的组成部分。

   (3) 我方承诺按照招标文件规定向你方递交履约担保。

   (4) 我方承诺在合同约定的期限内完成并移交全部合同工程。

5. 我方在此声明，所递交的投标文件及有关资料内容完整、真实和准确，且不存在第二章"投标人须知"第1.4.3项规定的任何一种情形。

6. _____(其他补充说明)。

投 标 人:_____(盖单位章)

法定代表人或其委托代理人:_____(签字)

地址:_____

网址:_____

电话:_____

传真:_____

邮政编码:_____

_____年_____月_____日

(2) 填写法定代表人身份证明。

法定代表人身份证明

投标人名称:_____

单 位 性 质:_____

地　　　址:_____

成立时间:_____ 年_____ 月_____ 日

经营期限:_____

姓名:_____ 性别:_____ 年龄:_____ 职务:_____

系_____(投标人名称)的法定代表人。

特此证明。

投标人:_____(盖单位章)

_____年_____月_____日

(3) 填写授权委托书。

授权委托书

　　本人_____(姓名)系_____(投标人名称)的法定代表人，现委托_____(姓名)为我方代理人。代理人根据授权，以我方名义签署、澄清、说明、补正、递交、撤回、修改_____(项目名称)_____标段施工投标文件、签订合同和处理有关事宜，其法律后果由我方承担。

　　委托期限：_____。

　　代理人无转委托权。

　　附：法定代表人身份证明

　　投　标　人：_____(盖单位章)

　　法定代表人：_____(签字)

　　身份证号码：_____

　　委托代理人：_____(签字)

　　身份证号码：_____

_____年_____月_____日

任务5.2　编制投标文件2

【任务要求】

根据技能训练手册"任务4.4编制招标文件'投标人须知'部分"中所编制的投标人须知前附表，编制投标资格审查文件。

【任务实施】

(1) 阅读分析招标文件，明确投标人资格要求。

(2) 按照《中华人民共和国标准施工招标文件》资格审查资料的内容和格式编制资格审查文件。

(3) 检查文件资料的正确性和完整性。

【任务评价】

评价项目	分值	自评分(20%)	互评分(30%)	教师评分(50%)	总分
工作考勤	20				
工作态度	20				
任务分析思路	10				
任务完成情况	30				
协作与沟通	10				
归纳总结	10				
合计	100				

【任务总结】

【任务成果】

填写资格审查资料。

(1) 投标人基本情况表。

投标人名称						
注册地址				邮政编码		
联系方式	联系人			电话		
	传真			网址		
组织结构						
法定代表人	姓名		技术职称		电话	
技术负责人	姓名		技术职称		电话	
成立时间			员工总人数：			
企业资质等级				项目经理		
营业执照号		其中		高级职称人员		
注册资金				中级职称人员		
开户银行				初级职称人员		
账号				技工		
经营范围						
备注						

(2) 近年财务状况表(略)。

(3) 近年完成的类似项目情况表。

序号：

项目名称	
项目所在地	
发包人名称	
发包人地址	
发包人电话	
合同价格	
开工日期	
竣工日期	
承担的工作	
工程质量	
项目经理	
技术负责人	
总监理工程师及电话	
项目描述	
备注	

(4) 正在施工和新承接的项目情况表。

序号:

项目名称	
项目所在地	
发包人名称	
发包人地址	
发包人电话	
签约合同价	
开工日期	
计划竣工日期	
承担的工作	
工程质量	
项目经理	
技术负责人	
总监理工程师及电话	
项目描述	
备注	

(5) 近年发生的诉讼及仲裁情况(略)。

能力训练题

一、单项选择题

1. 招标人在招标文件中要求投标人提交投标保证金的，投标保证金不得超过招标项目估算价的( )。投标保证金有效期应当与投标有效期一致。依法必须进行招标的项目的境内投标单位，以现金或者支票形式提交的投标保证金应当从( )转出。

    A.1%，其基本账户 　　　　　　　　B.2%，其基本账户

    C.1%，投标单位授权代表账户 　　　D.2%，投标单位授权代表账户

2. 甲、乙两个工程承包单位组成施工联合体投标，甲单位为施工总承包一级资质，乙单位为施工总承包二级资质，则该施工联合体应按( )资质确定等级。

    A. 一级 　　　　B. 二级 　　　　C. 三级 　　　　D. 特级

3. 下列关于联合体共同投标的说法，正确的是( )。

    A. 两个以上法人或其他组织可以组成一个联合体，以一个投标人的身份共同投标

    B. 联合体各方只要其中任何一方具备承担招标项目的能力即可

    C. 由同一专业的单位组成的联合体，投标时按照资质等级较高的单位确定资质等级

    D. 联合体中标后，应选择其中一方代表与招标人签订合同

4. 下列不属于投标文件的有( )。

    A. 投标须知 　　　　　　　　　　B. 投标书及投标书附件

    C. 投标保证金 　　　　　　　　　D. 施工规划

5. 投标过程是指从填写资格预审表开始，到将正式投标文件送交招标人为止所进行的全部工作。这一阶段工作量大，下列不属于这一阶段的工作是( )。

    A. 购买招标文件 　　　　　　　　B. 填写资格预审调查表，申报资格预审

    C. 制订实施性施工计划 　　　　　D. 组织投标班子

6. 投标文件投标截止时间以( )为准。

    A. 送达 　　　　B. 邮戳 　　　　C. 密封标书 　　　　D. 宣读标书

7. 复核工程量中，针对工程量清单中工程量的遗漏或错误，投标人应( )。

    A. 按计量规范修改并投标报价

    B. 按计量规范修改并书面告知招标人

    C. 不管如何修改，必须书面告知招标人

    D. 是否向招标人提出修改意见取决于投标策略

8. 编制投标报价过程中，关于措施项目费中的安全文明施工费，正确的是( )。

    A. 招标人可以要求投标人对该项费用进行优惠

    B. 投标人可以将该项费用参与市场竞争

    C. 必须按照国家或省级、行业建设主管部门的规定计价，不得作为竞争性费用

    D. 投标人应根据企业自身情况确定费用的高低

9. 投标人应当具备( )的能力。

    A. 编制标底 　　　B. 组织评标 　　　C. 承担招标项目 　　　D. 融资

10. 甲、乙、丙、丁四家施工单位签订共同投标协议组成联合体，以一个投标人的身份投标。关于此联合体说法正确的是( )。

    A. 联合体内部的共同投标协议与招标人无关，不必交予招标人

B. 联合体各方就中标项目向招标人承担连带责任

C. 联合体任何成员均有权以对债务分担比例有约定为由拒绝履行全部债务

D. 联合体成员之一清偿全部债务后，联合体不能免除履行义务

11. 某工程项目的招标投标活动中，发现投标人甲以低于成本的报价竞标。这里的成本是指(　　)。

  A. 整个建筑行业的平均成本   B. 所有投标人的平均成本

  C. 投标人甲的成本   D. 项目所在地的平均成本

12. 下列关于投标有效期的说法，错误的是(　　)。

  A. 拒绝延长投标有效期的投标人有权收回投标保证金

  B. 投标有效期从投标人递交投标文件之日起计算

  C. 投标有效期内，投标文件对投标人有法律约束力

  D. 投标有效期的设定应保证招标人有足够的时间完成评标和与中标人签订合同

二、多项选择题

1. 下列关于投标人的说法不正确的是(　　)。

  A. 投标人是响应招标、参加投标竞争的人或其他组织

  B. 投标人应具有承担招标项目的能力

  C. 投标人可以以低于合理预算成本的报价竞标

  D. 投标人不得以他人名义投标或以其他方式弄虚作假，骗取中标

  E. 投标人不得相互串通投标报价，不得排挤他人公平竞争，损害招标人的合法权益

2. 资格预审申请文件的内容包括(　　)。

  A. 资格预审公告   B. 资格预审申请

  C. 申请人基本情况表   D. 近年财务状况表

  E. 正在施工和新承接的项目情况表

3. 按投标性质分类，建设工程投标策略可分为(　　)。

  A. 保本标   B. 保险标   C. 亏损标

  D. 盈利标   E. 风险标

4. 采用投标报价技巧中的不平衡报价法时，可适当提高报价的有(　　)。

  A. 经过工程量核算，预计今后工程量会减少的项目

  B. 经过工程量核算，预计今后工程量会增加的项目

  C. 设计图纸不明确，估计修改后工程量要减少的项目

  D. 设计图纸不明确，估计修改后工程量要增加的项目

  E. 单价与包干混合制合同中，招标人要求有些项目采用包干报价时

5. 综合单价包括完成一个规定清单项目所需的(　　)费用。

  A. 规费   B. 人工费   C. 企业管理费

  D. 利润   E. 风险费用的分摊

6. 出现下列哪些情况的，投标保证金将不予返还？(　　)

  A. 投标人在规定的投标有效期内撤销或修改其投标文件

  B. 在规定的投标截止时间前，投标人修改或撤回已递交的投标文件

  C. 投标人拒绝延长投标有效期的

  D. 投标文件的密封和标识不符合要求的

  E. 中标人在收到中标通知书后，无正当理由拒签合同协议书或未按招标文件规定提交履约担保

7. 有下列情形之一的，属于投标人相互串通投标的有(   )。

A. 不同投标人委托同一单位或者个人办理投标事宜

B. 投标人之间约定中标人

C. 属于同一集团、协会、商会等组织成员的投标人按照该组织要求协同投标

D. 投标人之间约定部分投标人放弃投标或者中标

E. 不同投标人的投标文件相互混装

8. 以下关于联合体投标的说法中，正确的有(   )。

A. 联合体各方均应当具备承担招标项目的相应能力

B. 由同一专业组成的联合体，按照资质等级较高的单位确定资质等级

C. 联合体各方均应该具备招标文件规定的投标人资格条件

D. 联合体各方应当签订共同投标协议

E. 联合体中标的，联合体各方应当共同与招标人签订合同

三、案例分析题

1. 某市越江隧道工程全部由政府投资。该项目为该市建设规划的重要项目之一，且已列入地方年度固定资产投资计划，概算已经主管部门批准，施工图及有关技术资料齐全。招标范围、招标方式和招标组织形式正在按规定履行相关手续，还未核准。为赶工期，政府方决定对该项目进行施工招标。因估计除本市施工企业参加投标外，还可能有外省市施工企业参加投标，故招标人委托咨询单位编制了两个标底，准备分别用于对本市和外省市施工企业投标价的评定。招标人对投标人就招标文件所提出的所有问题统一做了书面答复，并以备忘录的形式分发给各投标人，为简明起见，采用表格形式，如表5-1所示。

表5-1　质疑答复备忘记录

序号	问题	提问单位	提问时间	答复
1				
……				
n				

在书面答复投标人的提问后，招标人组织各投标人进行了施工现场踏勘。在投标截止日期前10天，招标人书面通知各投标人，由于市政府有关部门已从当天开始取消所有市内交通项目的收费，因此决定将收费站工程从原招标范围内删除。

问：

(1) 该项目施工招标在哪些方面存在问题或不妥之处？请逐一说明。

(2) 如果在评标过程中才决定删除收费站工程，应如何处理？

2. 某国有资金投资建设项目，采用公开招标方式进行施工招标，业主委托具有相应招标代理和造价咨询资质的中介机构编制了招标文件和招标控制价。

该项目招标文件包括如下规定。

(1) 招标人不组织项目现场踏勘活动。

(2) 投标人对招标文件有异议的，应在投标截止时间10日前提出，否则招标人拒绝回复。

(3) 投标人报价时必须采用当地建设行政管理部门造价管理机构发布的计价定额中分部分项工程人工、材料、机械台班消耗量标准。

(4) 招标人将聘请第三方造价咨询机构在开标后评标前开展清标活动。

(5) 投标人报价低于招标控制价幅度超过30%的，投标人在评标时须向评标委员会说明报价较低的理由，并提供证据；投标人不能说明理由、提供证据的，将认定为废标。

在项目的投标及评标过程中发生了以下事件。

● 事件1：投标人A为外地企业，对项目所在区域不熟悉，向招标人申请希望招标人安排一名工作人员陪同踏勘现场。招标人同意并安排一位普通工作人员陪踏勘现场。

● 事件2：清标发现，投标人A和投标人B的总价与所有分部分项工程综合单价相差相同的比例。

● 事件3：通过市场调查，工程量清单中某材料暂估单价与市场调查价格有较大偏差，为规避风险，投标人C在投标报价计算相关分部分项工程项目综合单价时，采用了该材料市场调查的实际价格。

问：

(1) 请逐一分析项目招标文件包括的(1)～(5)项规定是否妥当，并分别说明理由。

(2) 事件1中，招标人的做法是否妥当？并说明理由。

(3) 针对事件2，评标委员会应该如何处理？并说明理由。

(4) 事件3中，投标人C的做法是否妥当？并说明理由。

3. 某办公楼施工招标文件的合同条款中规定：预付款数额为合同价的10%。开工日支付，基础工程完工时扣回30%，上部结构工程完成一半时扣回70%，工程款按季度支付。

承包商C对该项目投标，经造价工程师估算，总价为9 000万元，总工期为24个月。其中：基础工程估价为1 200万元，工期为6个月；上部结构工程估价为4 800万元，工期为12个月；装饰和安装工程估价为3 000万元，工期为6个月。

经营部经理认为，该工程虽然有预付款，但平时工程款按季度支付不利于资金周转，决定除按上述数额报价外，还建议业主对付款条件做如下修改：预付款为合同价的5%，工程款按月度支付，其余条款不变。假定贷款月利率为1%(为简化计算，季利率取3%)，各分部工程每月完成的工作量相同且能按规定及时收到工程款(不考虑工程款结算所需要的时间)。年金终值系数表如表5-2所示。

注：计算结果保留两位小数。

表5-2 年金终值系数表(F/A, i, n)

N\\i	2	3	4	6	9	12	18
1%	2.010	3.030	4.060	6.152	9.369	12.683	19.615
3%	2.030	3.091	4.184	6.468	10.159	14.192	23.414

问：

(1) 该经营部经理所提出的方案属于哪一种报价技巧？运用是否得当？

(2) 若承包商C中标且业主采纳其建议的付款条件，承包商C所得工程款的终值比原付款条件增加多少？(以预计的竣工时间为终点)

(3) 若合同条款中关于付款的规定改为：预付款为合同价的10%，开工前1个月支付，基础工程完工时扣回20%，以后每月扣回10%；每月工程款于下月5日前提交结算报告，经工程师审核后于第3个月末支付。请画出该工程承包商C的现金流量图。

4. 某开发区国有资金投资办公楼建设项目，业主委托具有相应招标代理和造价咨询资质的机构编制了招标文件和招标控制价，并采用公开招标方式进行项目施工招标。该项目招标公告和招标文件中的部分规定如下：

① 招标人不接受联合体投标；

② 投标人必须是国有企业或进入开发区合格承包商信息库的企业；

③ 投标人报价高于最高投标限价和低于最低投标限价的，均按废标处理；

④ 投标保证金的有效期应当超出投标有效期30天。在项目投标及评标过程中发生了以下事件。

- 事件1：投标人A在对设计图纸和工程量清单复核时发现分部分项工程量清单中某分期工程的特征描述与设计图纸不符。

- 事件2：投标人B采用不平衡报价的策略，对前期工程和工程量可能减少的工程适度提高了报价，对暂估价材料采用与招标控制价中相同材料的单价计入了综合单价。

- 事件3：投标人C结合自身情况，并根据过去类似工程投标经验数据，认为该工程投高标的中标概率为0.3，投低标的中标概率为0.6。投高标中标后，经营效果可分为好、中、差三种可能，其概率分别为0.3、0.6、0.1，对应的损益值分别为500万元、400万元、250万元；投低标中标后，经营效果同样可分为好、中、差三种可能，其概率分别为0.2、0.6、0.2，对应的损益值分别为300万元、200万元、100万元。

编制投标文件及参加投标的相关费用为3万。经过评估，投标人C最终选择了投低标。

问：

(1) 根据《招标投标法》及《招标投标法实施条例》，逐一分析项目招标公告和招标文件中①~④项规定是否妥当，并分别说明理由。

(2) 事件1中，投标人A应当如何处理？

(3) 事件2中，投标人B的做法是否妥当？并说明理由。

(4) 事件3中，投标人C选择投低标是否合理？并通过计算说明理由。

5. 某工程，业主采用公开招标方式选择施工单位，委托具有工程造价咨询资质的机构编制了该项目的招标文件和最高投标限价(最高投标限价600万元，其中暂列金额为50万元)。该招标文件规定，评标采用经评审的最低投标价法。A、B、C、D、E、F、G共7家企业通过了资格预审(其中，D企业为由D、D1企业组成的联合体)，且均在投标截止日前提交了投标文件。

A企业结合自身情况和投标经验，认为该工程项目投高标的中标概率为40%，投低标的中标概率为60%；投高标中标后，收益效果好、中、差三种可能性的概率分别为30%、60%、10%，计入投标费用后的净损益值分别为40万元、35万元、30万元；投低标中标后，收益效果好、中、差三种可能性的概率分别15%、60%、25%，计入投标费用后的净损益值分别为30万元、25万元、20万元；投标发生的相关费用为5万元，A企业经测算评估后，最终选择了投低标，投标价500万元。

在该工程项目开标评标合同签订与执行过程中发生了以下事件。

- 事件1：B企业的投标报价为560万元，其中暂列金额为60万元。
- 事件2：C企业的投标报价为550万元，其中对招标工程量清单中的"照明开关"项目未填报单价和合价。
- 事件3：D企业的投标报价为530万元，为增加竞争实力，投标时联合体成员变更为由D、D1、D2企业组成。
- 事件4：评标委员会按招标文件评标办法对投标企业的投标文件进行了价格评审，A企业经评审的投标价最低，最终被推荐为中标单位。合同签订前，业主与A企业进行了合同谈判，要求在合同中增加一项原招标文件中未包括的零星工程，合同额相应增加15万元。
- 事件5：A企业与业主签订合同后，又在外地中标了大型工程项目，遂选择将本项目全部工作转让给了B企业，B企业又将其中1/3工程量分包给了C企业。

问：

(1) 绘制A企业的投标决策树，列式计算并说明A企业选择投低标是否合理？

(2) 根据《招标投标法》《招标投标法实施条例》和《建设工程工程量清单计价规范》，逐一分析事件1～3中各企业的投标文件是否有效，并分别说明理由。

(3) 分析事件4中，业主的做法是否妥当，并说明理由。

(4) 分析事件5中，A、B企业的做法是否正确，并分别说明理由。

第6章　建设工程开标、评标和定标及签订合同

实训任务

任务6.1　开标组织

【任务要求】

(1) 模拟开展接收投标人的投标文件。

(2) 模拟组织开标会议。

(3) 完成过程相关文件资料。

【任务实施】

(1) 小组讨论，进行角色分工(根据小组人数情况，也可以两组同学分别模拟招标人和投标人)。

(2) 绘制好投标文件接收记录表。

(3) 准备好开标记录表。

(4) 拟写开标会议主持词。

(5) 模拟进行投标文件接收并填写投标文件接收记录表。

(6) 模拟组织开标会议，填写开标记录表，并录制过程视频。

【任务评价】

评价项目	分值	自评分(20%)	互评分(30%)	教师评分(50%)	总分
工作考勤	20				
工作态度	20				
任务分析思路	10				
任务完成情况	30				
协作与沟通	10				
归纳总结	10				
合计	100				

【任务总结】

【任务成果】

(1) 填写投标文件接收登记表。

_____(项目名称)项目投标文件接收登记表

工程名称:

招 标 人:

招标代理机构: 开标日期:_____年_____月_____日_____时_____分

序号	文件递交单位	是否按时递交投标文件	投标文件包装及密封性是否符合要求	递交人	递交人联系电话	递交时间	签收人

招标人或招标代理经办人(签字): 第 页,共 页

(2) 撰写开标会议主持词。

开标会议主持词

(3) 填写项目开标记录表。

项目开标记录表

开标时间：_____年___月___日
项目名称：_____
项目招标编号：_____
招标代理机构：_____
招标人：_____

序号	投标单位	是否按时提交投标文件	投标文件密封性	资格证件是否有效	投标文件是否有效	提交的投标保证金/万元	投标总报价/元	工期/日历天	质量等级	备注	投标人代表签字确认
例	×××建筑公司	是	符合要求	有效	有效	×××	×××	×××	合格		
招标控制价／标底											

招标人授权代表(签字)：　　　　　　记录人(签字)：　　　　　　监督人员(签字)：

(4) 观看小组模拟组织开标会议的视频。

从拍摄的开标会议的视频中，截取你认为重要(或者有意义)的一幕，将图片打印出来，粘贴在下表中，并对图片进行简短的说明。

	请对图片进行说明，可以从时间、地点、人物、这一幕正在进行的事情、你认为重要的原因等方面进行说明。
请将图片粘贴在此处	

任务6.2 组织评标

【任务要求】

(1) 根据所学知识和内容，写出评标关键步骤。

(2) 通过任务实施，能够进行简单的评标工作，能根据案例分析，推荐中标候选人。

【任务实施】

(1) 小组讨论分析回顾评标关键步骤。

(2) 明确评标的工作步骤和主要工作内容。

(3) 根据评标的方法学习完成简单的评标工作，推荐中标候选人。

【任务评价】

评价项目	分值	自评分(20%)	互评分(30%)	教师评分(50%)	总分
工作考勤	20				
工作态度	20				
任务分析思路	10				
任务完成情况	30				
协作与沟通	10				
归纳总结	10				
合计	100				

【任务总结】

【任务成果】

(1) 根据所学知识，绘制评标关键过程图。

(2) 根据案例进行分析计算，完成评标工作，推荐中标候选人。

【项目背景】

某工业厂房项目的招标人经过多方了解，邀请了A、B、C三家技术实力和资信俱佳的投标人参加该项目的投标。

在招标文件中规定：评标时采用最低综合报价(相当于经评审的最低投标价)中标的原则，但最低投标价低于次低投标价10%的报价将不予考虑。工期不得长于18个月，若投标人自报工期少于18个月，在评标时将考虑其给招标人带来的收益，折算成综合报价后进行评标。若实际工期短于自报工期，每提前1天奖励1万元；若实际工期超过自报工期，每拖延1天应支付逾期违约金2万元。

A、B、C三家投标人投标书中与报价和工期有关的数据汇总，如表6-1、表6-2所示。

假定：贷款月利率为1%，各分部工程每月完成的工作量相同，在评标时考虑工期提前给招标人带来的收益为每月40万元。

表6-1　投标参数汇总表

投标人	基础工程		上部结构工程		安装工程		安装工程与上部结构工程搭接时间/月
	报价/万元	工期/月	报价/万元	工期/月	报价/万元	工期/月	
A	400	4	1 000	10	1 020	6	2
B	420	3	1 080	9	960	6	2
C	420	3	1 100	10	1 000	5	3

表6-2　现值系数表

n	2	3	4	6	7	8	9
(P/A, 1%, n)	1.970	2.941	3.902	5.796	6.728	7.652	8.566
(P/F, 1%, n)	0.980	0.971	0.961	0.942	0.933	0.923	0.914
n	10	12	13	14	15	16	…
(P/A, 1%, n)	9.471	11.255	12.134	13.004	13.865	14.718	…
(P/F, 1%, n)	0.905	0.887	0.879	0.870	0.861	0.853	…

问：

(1) 若不考虑资金的时间价值，评标委员会应推荐谁为第一中标候选人？(写出计算分析过程)

(2) 若考虑资金的时间价值，评标委员会应推荐谁为第一中标候选人？(写出计算分析过程)

任务6.3　定标阶段工作

【任务要求】

(1) 根据设定的条件和中标候选人公示，编制项目中标公告。

(2) 根据中标通知书的格式和中标公告，编制中标通知书。

(3) 写法规范，要细心，做到无遗漏、无错误。

【任务实施】

(1) 小组讨论分析项目设定条件和中标公示。

(2) 明确中标通知书的要素、内容和格式。

(3) 根据项目背景和中标公告，编制中标通知书。

(4) 检查内容是否完整和符合相关法律法规要求。

【任务评价】

评价项目	分值	自评分(20%)	互评分(30%)	教师评分(50%)	总分
工作考勤	20				
工作态度	20				
任务分析思路	10				
任务完成情况	30				
协作与沟通	10				
归纳总结	10				
合计	100				

【任务总结】

【任务成果】

根据下面所给中标结果公示，假定公示期内无任何人提出异议，现公示期已过，请编制中标通知书。

中标结果公示

项目编号：GY20230529(GC)003-001
项目名称：××区人民医院门诊住院综合楼建设项目
招标人：××市利州区卫生健康局
项目类别：设计
招标方式：公开招标
项目地点：××市利州区滨河南路西侧
项目所在区域：××省××市××区
建筑面积：29 914.40平方米

标段(包)编号	标段(包)名称	中标单位	项目经理	中标价格/元	工期/天
GY20230529(GC)003-001	勘察设计	上海忆林土建工程咨询有限公司	张三	4 457 760.00	30

公告开始时间：2023年07月12日
公告结束时间：2023年07月17日

中标通知书

能力训练题

一、单项选择题

1. 根据《招标投标法》规定，招标人和中标人应当在中标通知书发出之日起(　　)天内，按照招标文件和中标的投标文件订立书面合同。

　　A. 20　　　　　　　　B. 30　　　　　　　　C. 10　　　　　　　　D. 15

2. 关于评标，下列不正确的说法是(　　)。

　　A. 评标委员会成员名单一般应于开标前确定，且该名单在中标结果确定前应当保密

　　B. 评标委员会必须由技术、经济方面的专家组成，且其人数为5人以上的单数

　　C. 评标委员会成员应是从事相关专业领域工作满8年并且具有高级职称或者同等专业水平

　　D. 评标委员会成员不得与任何投标人进行私人接触

3. 招标信息公开是相对的，对于一些需要保密的事项是不可以公开的，如(　　)在确定中标结果之前就不可以公开。

  A. 评标委员会成员名单   B. 投标邀请书

  C. 资格预审公告   D. 招标活动的信息

4. 《招标投标法》规定，开标时间应为(　　)。

  A. 提交投标文件截止时间   B. 提交投标文件截止时间的次日

  C. 提交投标文件截止时间的7日后   D. 其他约定时间

5. 《招标投标法》规定，开标地点应为(　　)。

  A. 招标人办公地点   B. 招标文件中预先确定的地点

  C. 政府指定的地点   D. 招标代理机构办公地点

6. 《招标投标法》规定，评标应由(　　)依法组建的评标委员会负责。

  A. 地方政府相关行政主管部门   B. 招标代理人

  C. 中介机构   D. 招标人

7. 建设工程招标投标是以订立建设工程合同为目的的民事活动，从《民法典》合同篇来解读，招标人发出的中标通知书是(　　)。

  A. 要约   B. 要约邀请   C. 承诺   D. 承诺邀约

8. 确定中标人后(　　)天内，招标人应当向有关行政监督部门提交招标情况的书面报告。

  A. 15   B. 21   C. 30   D. 35

9. 招标人在中标通知书中写明的中标合同价应是(　　)。

  A. 初步设计编制的概算价   B. 施工图设计编制的预算价

  C. 投标书中标明的报价   D. 评标委员会算出的评标价

10. 评标委员会由招标人代表和有关技术、经济方面的专家组成，成员人数为5人以上的单数，其中招标人以外的专家不得少于成员总数的(　　)。

  A. 2/3   B. 1/3   C. 1/2   D. 1/4

11. 对于参加开标的人员，下列说法正确的是(　　)。

  A. 投标人参加开标必须由其法定代表人亲自到会

  B. 所有投标人都必须派人参加开标会

  C. 投标人可以自主决定是否参加开标会

  D. 招标人不得邀请除投标人以外的其他方面相关人员参加开标会

12. 开标应当在招标文件确定的提交投标文件截止时间(　　)公开进行。

  A. 之前   B. 之后   C. 同一时间   D. 当天

13. 下列选项中，不符合《招标投标法》规定的开标程序是(　　)。

  A. 开标时间与提交投标文件截止时间相同   B. 招标文件中预先确定开标地点

  C. 邀请投标人及相关人员参加开标   D. 对招标人收到的所有投标文件进行拆封

14. 下列关于评标工作的基本要求，表述错误的是(　　)。

  A. 评标活动及当事人应依法接受审查

  B. 评标标准和评标办法必须在招标文件中公开载明，不得随意改变

  C. 投标人可对投标文件内容进行必要的澄清和说明，但不得改变其实质性内容

  D. 评标由招标人依法组建的评标委员会负责

15. 一般情况下，招标项目的评标专家应由(　　)确定。

A. 招标人推荐，主管部门审批
B. 随机抽取
C. 招标人
D. 招标代理机构

16. 工程建设项目招标的评标过程中，评标委员会的以下做法错误的是(   )。

A. 投标文件中的大写金额和小写金额不一致的，以大写金额为准

B. 总价金额与单价金额不一致的，以总价金额为准，但总价金额小数点有明显错误的除外

C. 对不同文字文本投标文件的解释发生异议的，以中文文本为准

D. 发现投标人的报价明显低于其他投标报价，可能低于其企业成本的，应当要求投标人作出书面说明并提供相关证明材料

17. 关于开标，下列说法正确的是(   )。

A. 开标人需要修改开标时间和地点，须电话通知所有招标文件的接收人，以确保所有潜在投标人能按时到场

B. 开标由招标人主持，也可以委托招标代理机构主持

C. 开标时由招标人当众检查投标文件密封情况

D. 投标人必须参加开标

18. 在项目评标委员会的成员中，无须回避的是(   )。

A. 投标人主要负责人的近亲属
B. 项目主管部门的人员
C. 项目行政监督部门的人员
D. 招标人代表

19. 以下人员中，符合《招标投标法》规定的评标专家的基本条件的是(   )。

A. 某大学讲师，从事建设工程招标投标研究10年

B. 某大学副教授，从事建设工程招标投标研究7年

C. 某大学教授，从事建设工程招标投标研究6年

D. 某大学教授，从事建设工程招标投标研究8年

二、多项选择题

1. 采用经评审的最低评标价法评标时，应当遵循的原则包括(   )。

A. 以评标价最低的标书为最优

B. 以投标报价最低的标书为最优

C. 技术建议带来的实际经济效益，按预定的方法折算后，增加投标价

D. 中标后按投标价格签订合同价

E. 中标后按评标价格签订合同价

2. 下列有关招标投标签订合同的说法，正确的是(   )。

A. 应当在中标通知书发出之日起30天内签订合同

B. 招标人、中标人不得再订立背离合同实质性内容的其他协议

C. 招标人和中标人可以通过合同谈判对原招标文件、投标文件的实质性内容作出修改

D. 如果招标文件要求中标人提交履约担保，招标人应向中标人提供

E. 中标人不与招标人订立合同的，应取消其中标资格，但投标保证金应予以退还

3. 下列评标委员会成员中，符合《招标投标法》规定的是(   )。

A. 甲某，由招标人从省人民政府有关部门提供的专家名册的专家中确定

B. 乙某，现任某公司法定代表人，该公司常年为某投标人提供建筑材料

C. 丙某，从事招标工程项目领域工作满10年并具有高级职称

D. 丁某，在开标后、中标结果确定前将自己担任评标委员会成员的事告诉了某投标人

4. 采用公开招标方式，(　　)等都应当公开。

   A. 评标的程序　　　　　　　　　B. 评标人的名单

   C. 开标的程序　　　　　　　　　D. 评标的标准

   E. 中标的结果

5. 在项目中标通知书发出后，招标人和中标人应按照(　　)订立合同。

   A. 招标公告　　　　　　B. 招标文件　　　　　　　　C. 投标文件

   D. 投标人的报价　　　　E. 最后谈判达成的降价协议

6. 评标报告的内容有(　　)。

   A. 招标公告　　　　　　　　　　B. 评标规则

   C. 评标情况说明　　　　　　　　D. 对各个合格投标书的评价

   E. 推荐合格的中标人

7. 投标文件有(　　)情形之一的，由评标委员会初审后按废标处理。

   A. 大写金额与小写金额不一致

   B. 投标工期长于招标文件中要求工期的标书

   C. 关键内容字迹模糊、无法辨认的标书

   D. 未按招标文件要求提交投标保证金的

   E. 总价金额与单价金额不一致

8. 《招标投标法》规定，开标时由(　　)检查投标文件密封情况，确认无误后当众拆封。

   A. 招标人　　　　　　　　　　　B. 投标人或投标人推选的代表

   C. 评标委员会　　　　　　　　　D. 地方政府相关行政主管部门

   E. 公证机构

9. 关于细微偏差的说法，正确的选项包括(　　)。

   A. 在实质上响应了招标文件的要求，但存在个别漏项

   B. 在实质上响应了招标文件的要求，但提供了不完整的技术信息和数据

   C. 补正遗漏会对其他投标人造成不公平的结果

   D. 细微偏差不影响投标文件的有效性

   E. 细微偏差将导致投标文件成为废标

10. 下列符合《招标投标法》关于评标的有关规定的有(　　)。

   A. 招标人应当采取必要措施，保证评标在严格保密的情况下进行

   B. 评标委员会完成评标后，应当向招标人提出书面评标报告，并推荐合格的中标候选人

   C. 招标人可以授权评标委员会直接确定中标人

   D. 评标委员会经评审，认为所有投标都不符合招标文件要求的，可以否决所有投标

   E. 行政主管部门可以参与评标过程，检查投标文件密封情况，确认无误后当众拆封

11. 评标过程中，投标应当作为废标处理的情况有(　　)。

   A. 投标文件未按照招标文件的要求进行密封

   B. 拒不按要求对投标文件进行澄清、说明或补正

   C. 投标文件未能对招标文件提出的所有实质性要求和条件作出响应

   D. 经评标委员会确认投标人报价低于其成本价

   E. 组成联合体投标，投标文件未附联合体各方共同投标协议

12. 工程建设项目评标时，发生下列情况时，投标应作为废标处理的有(　　)。

A. 弄虚作假方式投标

B. 提交合格"撤回通知"的投标文件

C. 报价低于其个别成本且不能说明合理理由的投标文件

D. 投标人拒不按照要求对投标文件进行澄清、说明或者补正

E. 未能在实质上响应招标文件

13. 评标过程中，评标委员会应当否决投标的情形有(　　)。

A. 投标文件没有对招标文件的实质性要求和条件作出响应

B. 投标文件未经投标单位盖章和单位负责人签字

C. 投标报价高于招标文件设定的最高投标限价

D. 投标文件中存在一些细微偏差

E. 投标联合体没有提交共同投标协议

三、案例分析题

1. 某国有资金投资占控股地位的通用建设项目，建设单位采用了公开招标方式进行施工招标。2023年4月1日招标人向通过资格预审的A、B、C、D、E共5家施工单位发售了招标文件，各施工单位按招标单位的要求在领取招标文件的同时提交了投标保函，在同一张表格上进行了登记验收，招标文件中的评标标准如下：

(1) 该项目的要求工期不超过18个月；

(2) 对各投标报价进行初步评审时，若最低报价低于有效标书的次低报价15%及以上，视为最低报价低于其成本价；

(3) 在详细评审时，对有效标书的各投标单位自报工期比要求工期每提前1个月给业主带来的提前投产效益按40万元计算；

(4) 经初步评审后确定的有效标书在详细评审时，除报价外，只考虑将工期折算为货币，不再考虑其他评审要素。

投标单位的投标情况如下：A、B、C、D、E共5家投标单位均在招标文件规定的投标时间前提交了投标文件。在开标会议上招标人宣读了各投标文件的主要内容，各投标单位的报价和工期汇总如表6-3所示。

表6-3　投标参数汇总表

投标人	基础工程		结构工程		装修工程		结构工程与装修工程的搭接时间/月
	报价/万元	工期/月	报价/万元	工期/月	报价/万元	工期/月	
A	420	4	1 000	10	800	6	0
B	390	3	1 080	9	960	6	2
C	420	3	1 100	10	1 000	5	3
D	480	4	1 040	9	1 000	5	1
E	400	4	830	10	850	6	2

问：

(1) 指出招标人在发售招标文件过程中的不妥当之处，并说明理由。

(2) 根据招标文件中的评标标准和方法，通过列式计算的方式确定三个中标候选人，并排出顺序。

(3) 如果排名第一的中标候选人中标，并与建设单位签订合同，则合同价为多少万元？

(4) 依法必须进行招标的项目，在什么情况下招标人可以确定排名第二的中标候选人为中标人？

2. 某依法必须进行招标的工程施工项目采用资格后审组织公开招标，在投标截止时间前，招标人共受理了6份投标文件，随后组织有关人员对投标人的资格进行审查，查对有关证明、证件的原件，有一个投标人没有派人参加开标会议，还有一个投标人少携带了一个证件的原件，没能通过招标人组织的资格审查。招标人对通过资格审查的投标人A、B、C、D组织了开标。

投标人A没有递交投标保证金，招标人当场宣布A的投标文件为无效投标文件，不进入唱标程序。

唱标过程中，投标人B的投标函上有两个投标报价，招标人要求其确认了其中一个报价进行唱标；投标人C在投标函上填写的报价大写与小写不一致，招标人查对了其投标文件中工程报价汇总表，发现投标函上的报价的小写数值与投标报价汇总表一致，于是按照其投标函上小写数值进行了唱标；投标人D的投标函没有盖投标人单位印章，同时又没有法定代表人或其委托代理人签字，招标人唱标后，当场宣布D的投标为废标。这样仅剩B和C两个投标人，招标人认为有效投标少于三家，不具有竞争性，否决了所有投标。

问：

(1) 招标人确定进入开标或唱标的做法是否正确？为什么？如不正确，正确的做法是什么？

(2) 招标人在唱标过程中针对一些特殊情况的处理是否正确？为什么？

(3) 开标会议上，招标人是否有权否决所有投标？为什么？给出正确的做法。

3. 某大型工程项目由政府投资建设，业主委托某招标代理机构招标。招标代理确定该项目采用公开招标方式招标。招标文件中规定：投标担保可采用投标保证金或投标保函方式担保，评标方法采用经评审的最低投标报价法，投标有效期为60天。

业主对招标代理提出以下要求：为了避免潜在投标人过多，项目招标公告只在本市日报上发布，且采用邀请招标方式招标。

项目施工招标信息发布后，共有12家潜在投标人报名参加投标，业主认为报名参加投标的人数太多，为减少评标工作量，要求招标代理公司仅对报名的潜在投标人的资质条件、业绩进行资格审查。

开标后发现：

(1) A投标人的投标报价为8000万元，为最低投标价，经评审后推荐其为中标候选人；

(2) B投标人在开标后又提交了一份补充说明，提出可以降价50%；

(3) C投标人提交的银行保函有效期为70天；

(4) D投标人投标文件的投标函盖有企业法定代表人的印章，但没有项目经理责任协议书；

(5) E投标人与其他投标人组成了联合体投标，附有各方资质证书，但没有联合体共同投标协议书；

(6) F投标人的投标报价最高，故F投标人在开标后第二天撤回了其投标文件。

问：

(1) 业主对招标代理机构提出的要求是否正确？并对不正确的说明理由。

(2) 分析A、B、C、D、E投标人的投标文件是否有效？并对无效的说明理由。

(3) F投标人的投标文件是否有效？对其撤回投标文件的行为应如何处理？

(4) 该项目施工合同应该如何签订？合同价格应是多少？

4. 某市重点工程项目计划投资4 000万元，采用工程量清单方式公开招标。经资格预审后，确定A、B、C共3家合格投标人。该3家投标人分别于10月13—14日领取了招标文件，同时按要求递交投标保证金50万元、购买招标文件费500元。

招标文件规定：投标截止时间为10月31日，投标有效期截止时间为12月30日，投标保证金有效期截止时间为次年1月30日。招标人对开标前的主要工作安排如下：10月16—17日，由招标人分别安排各投标人踏勘现场；10月20日，举行投标预备会，会上主要对招标文件和招标人能提供的施工条件等内容进行答疑，考虑各投标人所拟定的施工方案和技术措施不同，将不对施工图做任何解释。各投标人按时递交了投标文件，所有投标文件均有效。

评标办法规定，商务标权重60分(其中，总报价20分、分部分项工程综合单价10分、其他内容30分)，技术标权重40分。

(1) 总报价的评标方法是，评标基准价等于各有效投标总报价的算术平均值下浮2个百分点。当投标人的投标总价等于评标基准价时得满分，投标总价每高于评标基准价1个百分点时扣2分，每低于评标基准价1个百分点时扣1分。

(2) 分部分项工程综合单价的评标方法是，在清单报价中按合价大小抽取5项(每项权重2分)，分别计算投标人综合单价报价平均值，投标人所报综合单价在平均值的95%～102%范围内得满分，超出该范围的，每超出1个百分点扣0.2分。

各投标人总报价和抽取的异形梁C30混凝土综合单价如表6-4所示。

表6-4　投标数据表

投标人	A	B	C
总报价(万元)	3 179.00	2 998.00	3 213.00
异形梁C30混凝土综合单价(元/m³)	456.20	451.50	485.80

除总报价之外的其他商务标和技术标指标评标得分如表6-5所示。

表6-5　投标人部分指标得分表

投标人	A	B	C
商务标(除总报价之外)得分	32	29	28
技术标得分	30	35	37

问：

(1) 在该工程开标之前所进行的招标工作有哪些不妥之处？请说明理由。

(2) 列式计算总报价和异形梁C30混凝土综合单价的报价平均值，并计算各投标人得分。(计算结果保留两位小数)

(3) 列式计算各投标人的总得分，根据总得分的高低确定第一中标候选人。

(4) 评标工作于11月1日结束并于当天确定中标人。11月2日招标人向当地主管部门提交了评标报告；11月10日招标人向中标人发出中标通知书；12月1日双方签订了施工合同；12月3日招标人将未中标结果通知给另两家投标人，并于12月9日将投标保证金退还给未中标人。请指出评标结束后招标人的工作有哪些不妥之处，并说明理由。

5. 某大型工程，由于技术难度大，对施工单位的施工设备和同类工程施工经验要求高，而且对工期的要求也比较紧迫。招标人在对有关单位及其在建工程考察的基础上，仅邀请了4家国有特级施工企业参加投标，并预先与咨询单位和该4家施工单位共同研究确定了施工方案。招标人要求投标人将技术标和商务标分别装订报送。招标文件中规定采用综合评估法进行评标，具体的评标标准如下。

(1) 技术标共30分，其中施工方案10分(因已确定施工方案，各投标人均得10分)、施工总工期10分、工程质量10分。满足招标人总工期要求(36个月)者得4分，每提前1个月加1分，不满足者为废标；招标人希望该工程今后能被评为省优工程，自报工程质量合格者得4分，承诺将该工程建成省优工程者得6分(若该工程未被评为省优工程将扣罚合同价的2%，该款项在竣工结算时暂不支付给施工单位)，近三年内获鲁班工程奖每项加2分，获省优工程奖每项加1分。

(2) 商务标共70分。最高投标限价为36 500万元，评标时有效报价的算术平均数为评标基准价。报价为评标基准价的98%者得满分(7分)，在此基础上，报价比评标基准价的98%每下降1%，扣1分，每上升1%，扣2分(计分按四舍五入取整)。

各投标人的有关情况如表6-6所示。

表6-6　投标参数汇总表

投标人	报价/万元	总工期/月	自报工程质量	鲁班工程奖	省优工程奖
A	35 642	33	省优	1	1
B	34 364	31	省优	0	2
C	33 867	32	合格	0	1
D	36 578	34	合格	1	2

问：

(1) 该工程采用邀请招标方式且仅邀请4家投标人投标，是否违反有关规定？为什么？

(2) 请按综合得分最高者中标的原则确定中标人。

(3) 若改变该工程评标的有关规定，将技术标增加到40分，其中施工方案20分(各投标人均得20分)，商务标减少为60分，是否会影响评标结果？为什么？若影响，应由哪家投标人中标？

第7章　合同法律基本原理

实训任务

【任务要求】

查询并学习《中华人民共和国民法典》(以下简称《民法典》)合同篇的法律条款，提高应对和解决合同实务问题的能力。

【任务实施】

(1) 逐条学习《民法典》合同篇。

(2) 思考《民法典》合同篇，对原《中华人民共和国合同法》的内容做了哪些修订。

【任务评价】

评价项目	分值	自评分(20%)	互评分(30%)	教师评分(50%)	总分
工作考勤	20				
工作态度	20				
任务分析思路	10				
任务完成情况	30				
协作与沟通	10				
归纳总结	10				
合计	100				

【任务总结】

【任务成果】

填写《民法典》合同篇学习查阅记录表。

《民法典》合同篇学习查阅记录表

班级		姓名		日期	
任务	自主学习《民法典》合同篇	学习途径		查找法条及相关图书资源	
学习要点					
学习查阅记录					
评语				指导老师	

能力训练题

一、单项选择题

1. 下列有关无效合同的说法中，错误的是(　　)。

    A. 一方当事人无权确认合同无效　　　　　B. 建设主管部门有权确认合同无效

    C. 无效合同从订立时起就没有法律效力　　D. 合同被确认无效后，履行中的合同应终止履行

2. 按照《民法典》的规定，要约人撤销要约的通知应在(　　)到达受要约人，才能取消该项要约。

    A. 承诺通知到达要约人之前　　　　　　　B. 受要约人发出承诺通知之后

    C. 要约到达受要约人之前　　　　　　　　D. 受要约人发出承诺通知之前

3. 一般情况下，(   )订立的合同有效。

    A. 法定代表人越权   B. 无代理权人

    C. 限制民事行为能力人   D. 无处分权人处分他人财产

4. 下列关于留置担保的说法中，正确的是(   )。

    A. 留置不以合法占有对方财产为前提   B. 可以留置的财产仅限于动产

    C. 留置担保可适用于建设工程合同   D. 留置以合法占有对方固定资产为前提

5. 在法律和当事人双方对合同形式、程序均没有特殊要求时，合同成立时间为(   )的时间。

    A. 要约生效   B. 承诺生效

    C. 附生效条件的合同条件具备   D. 附生效期限的合同期限届至

6. 下列情形中，承诺是指(   )。

    A. 甲向乙发出要约，丙得知后向甲表示完全同意要约的内容

    B. 甲向乙发出要约，要求10天内给予答复，过期则视为承诺，但是乙却没有如期作出答复

    C. 甲向乙发出要约，乙向丁表示完全同意要约的内容

    D. 甲按照某公司广告上的价格，向该公司汇款购买其产品，该公司给甲邮寄其指定的产品

7. 合同履行中，如合同内容约定不明，依照《民法典》第五百一十条规定仍不能确定的，可适用《民法典》第五百一十一条规定，下列表述中正确的是(   )。

    A. 质量要求不明确的，可按照国家标准、地方标准履行

    B. 履行期限不明确的，债权人可以随时要求履行

    C. 履行地点不明确，给付货币的，在履行义务一方所在地履行

    D. 价款不明确的，可按照合同签订时履行地的市场价格履行

8. 依照《民法典》的规定，债权人决定将合同中的权利转让给第三人时，转让行为(   )。

    A. 无须征得对方同意，但应提供担保   B. 无须征得对方同意，也无须通知对方

    C. 无须征得对方同意，但要通知对方   D. 必须征得对方同意

9. 某工程项目材料供应合同中约定，供货方支付订购的材料后，采购方再行支付货款，合同履行过程中，由于供货方交付的材料质量不符合约定标准，采购方拒付货款，采购方行使的是(   )。

    A. 同时履行抗辩权   B. 后履行抗辩权

    C. 先诉抗辩权   D. 不安抗辩权

10. 某工程施工合同的发包人拖欠工程进度款，承包人按照合同的约定及时调整了施工进度，放慢施工速度。依照《民法典》的规定，承包人行使的是(   )。

    A. 同时履行抗辩权   B. 后履行抗辩权

    C. 不安抗辩权   D. 先履行抗辩权

11. 依照《民法典》有关合同转让的规定，下列关于债权转让的说法中，正确的是(   )。

    A. 主权利转让后从权利并不随之转让   B. 债权人应当经债务人同意才可转让

    C. 债权人应当通知债务人   D. 无论何种情形合同债权都可以转让

12. 合同的转让实质是(   )的一种特殊形式。

    A. 合同变更   B. 合同订立   C. 合同履行   D. 合同终止

13. 依照《民法典》的规定，下列文件中，属于要约的是(   )。

    A. 招标公告   B. 寄送的价目表   C. 投标书   D. 招股说明书

14. 下列属于效力待定合同的是(   )。

    A. 与第三人恶意串通的代理人订立的合同

B. 限制民事行为能力人订立的合同

C. 被代理人予以追认的无代理权人订立的合同

D. 因发生不可抗力导致无法履行的合同

15. 下列有关合同履行中行使代位权的说法，正确的是(   )。

    A. 债权人必须以债务人的名义行使代位权

    B. 债权人代位权的行使必须通过诉讼程序，且范围以其债权为限

    C. 代位权行使的费用由债权人自行承担

    D. 债权人代位权的行使必须取得债务人的同意

16. 甲与乙订立合同，规定甲应于2019年8月1日交货，乙应于同年8月7日付款。8月底，甲发现乙财产状况恶化，已没有支付货款的能力，并有确切证据，遂提出终止合同，但乙未允。基于上述情况，甲于8月1日未按约定交货。依照《民法典》的原则，下列关于甲行为的论述中，正确的是(   )。

    A. 甲应按合同约定交货，如乙不支付货款可追究其违约责任

    B. 甲必须按合同约定交货，但可以仅先交付部分货物

    C. 甲有权不按合同约定交货，除非乙提供了相应的担保

    D. 甲必须按合同约定交货，但可以要求乙提供相应的担保

17. 债务人将其权利移交给债权人占有，用以担保债务履行的方式是(   )。

    A. 抵押   B. 留置   C. 保证   D. 质押

二、多项选择题

1. 依照《民法典》的规定，合同被确认无效后，当事人因履行产生的财产应当(   )。

    A. 返还财产   B. 赔偿损失   C. 没收财产

    D. 上缴法院所有   E. 追缴收归国库

2. 下列关于合同订立过程的说法中，正确的有(   )。

    A. 发布招标公告是要约邀请   B. 发布招标公告是要约

    C. 投标是要约   D. 发出中标通知书是承诺

    E. 发出中标通知书是新要约

3. 撤销权的行使期间从(   )起计。

    A. 当事人知道撤销事由的时间   B. 当事人权利受到侵害的时间

    C. 订立合同的时间   D. 当事人被告知权利受到侵害的时间

    E. 当事人应当知道撤销事由的时间

4. 依照《民法典》的规定，当债务人的行为可能造成债权人权益受到损害时，债权人可以行使撤销权。债务人的行为包括(   )。

    A. 无偿转让财产

    B. 放弃到期债权

    C. 怠于行使到期债权

    D. 受让人知道的情况下，以明显不合理低价转让财产

    E. 未按约定提供担保

5. 下列关于合同无效的表述中，正确的有(   )。

    A. 一方以欺诈、胁迫的手段订立的合同

    B. 恶意串通，损害国家、集体或者第三人利益

C. 以合法形式掩盖非法目的

D. 损害社会公共利益

E. 违反法律、地方性法规的强制性规定

6. 下列情形中，要约失效的情形包括(   )。

    A. 拒绝要约的通知到达要约人

    B. 要约人依法撤销要约

    C. 要约向不特定的人发出

    D. 承诺期限届满受要约人未作出承诺

    E. 受要约人对要约的内容作出实质性变更

7. 下列关于格式条款的表述中，错误的有(   )。

    A. 格式条款是经双方协商采用的标准合同条款

    B. 若对争议条款有两种解释时，应作出不利于提供格式条款方的解释

    C. 提供格式条款方设置排除对方主要权利的条款无效

    D. 若对争议条款有两种解释时，应作出有利于提供格式条款方的解释

    E. 当格式条款与非格式条款不一致时，应当采用非格式条款

8. 依照《民法典》的规定，下列合同中属于可撤销合同的有(   )的合同。

    A. 因重大误解而订立

    B. 一方以欺诈、胁迫的手段订立

    C. 以合法形式掩盖非法目的

    D. 订立合同时显失公平

    E. 损害社会公共利益

9. 建设单位以无资金为由拖欠施工单位工程款，而建设单位在其他单位有已到期的债权却不积极行使，施工单位(   )。

    A. 可以行使代位权

    C. 可以建设单位名义行使权利

    B. 可以行使撤销权

    D. 可以自己的名义行使权利

    E. 只能对建设单位行使权利

10. 甲乙两公司签订了一份执行国家定价的购销合同。在乙公司逾期交货的情况下，依照《民法典》对迟延履行的规定，当交货时的价格浮动变化时，则该产品的结算价格(   )。

    A. 无论上涨或下降，仍按原定价格执行

    B. 遇价格上涨时，按原价格执行

    C. 遇价格下降时，按原价格执行

    D. 遇价格下降时，按新价格执行

    E. 遇价格上涨时，按新价格执行

11. 依照《民法典》的规定，当合同履行地点约定不明确，且又不能达成补充协议时，(   )履行。

    A. 交付不动产的，在不动产所在地

    B. 设备采购，在采购方所在地

    C. 交付动产的，在接受动产一方所在地

    D. 材料采购，在供货方所在地

    E. 给付货币的，在给付货币一方所在地

12. 依照《民法典》的规定，解除合同的条件有(   )。

    A. 合同履行过程中发生不可抗力

    B. 合同履行期限届满之前，当事人的行为表明不履行主要债务

    C. 当事人一方迟延履行主要债务

    D. 当事人一方违约行为致使合同目的不能实现

    E. 合同履行期限届满之前当事人一方明确表示不履行

13. 依照《民法典》的规定，(   )不能作为保证合同的保证人。

    A. 幼儿园

    B. 银行

    C. 学校

    D. 企业

    E. 医院

14. 可以是第三人作出担保的方式有(   )。

    A. 保证   B. 抵押   C. 质押

    D. 留置   E. 定金

15. 依照《民法典》的规定，只能由当事人本人作出担保的方式有(   )。

    A. 保证   B. 抵押   C. 质押

    D. 留置   E. 定金

16. 可以进行抵押的财产有(   )。

    A. 高等学校的教室、实验室和学生宿舍

    B. 有房屋买卖合同和购房发票但尚未办理产权证的商品房

    C. 建设审批程序规范的在建工程

    D. 土地所有权

    E. 抵押人依法承包并经发包人同意的荒滩的土地使用权

17. 如果(   )履行过程中发生债权，债权人有权行使留置。

    A. 买卖合同   B. 保管合同   C. 运输合同

    D. 工程承揽合同   E. 施工合同

三、填空题

1. 合同是指民事主体之间＿＿＿＿＿＿民事法律关系的＿＿＿＿＿＿。

2. 合同应遵循《民法典》的基本原则，即＿＿＿＿＿＿原则、＿＿＿＿＿＿原则、＿＿＿＿＿＿原则、＿＿＿＿＿＿原则、＿＿＿＿＿＿原则和＿＿＿＿＿＿原则。

3. 当事人订立合同可以采用＿＿＿＿＿＿形式、口头形式或者＿＿＿＿＿＿形式。

4. 代理包括＿＿＿＿＿＿＿＿代理和＿＿＿＿＿＿代理。

5. 合同生效的条件有：①当事人须有缔约能力；②＿＿＿＿＿＿＿＿＿；③不违反法律和社会公共利益；④＿＿＿＿＿＿＿＿＿＿＿＿。

6. 合同无效的法律后果：①＿＿＿＿＿＿＿；②＿＿＿＿＿＿＿；③＿＿＿＿＿＿＿。

7. 抗辩权种类有＿＿＿＿＿抗辩权、＿＿＿＿＿抗辩权和＿＿＿＿抗辩权。

8. 狭义的合同变更是在合同主体保持不变的情况下，合同＿＿＿＿＿＿发生变更。

9. 合同转让就是合同的＿＿＿＿＿＿变更。

10. 有下列情形之一的，债权债务终止：①＿＿＿＿＿＿＿；②＿＿＿＿＿＿＿；③＿＿＿＿＿＿＿；④＿＿＿＿＿＿＿；⑤＿＿＿＿＿＿＿；⑥＿＿＿＿＿＿＿。

11. 承担违约责任的主要方式有＿＿＿＿＿＿＿＿＿＿＿＿＿＿等。

12. 不可抗力，是指不能＿＿＿＿＿、不能＿＿＿＿＿并不能＿＿＿＿＿的客观情况。这种客观情况既包括自然事件，如＿＿＿＿＿、水灾、＿＿＿＿＿、雷击等；也包括社会事件，如＿＿＿＿＿、罢工等。

13. 不可抗力可以＿＿＿＿＿＿或＿＿＿＿免除当事人的违约责任。

第8章　建设工程施工合同管理

实训任务

任务8.1　合同协议书的修改

【任务要求】

根据项目背景，寻找拟定的合同协议书中不妥的条款，并进行修改。

【任务实施】

(1) 小组讨论分析。

(2) 修改拟定合同协议书不妥条款。

【任务评价】

评价项目	分值	自评分(20%)	互评分(30%)	教师评分(50%)	总分
工作考勤	20				
工作态度	20				
任务分析思路	10				
任务完成情况	30				
协作与沟通	10				
归纳总结	10				
合计	100				

【任务总结】

【项目背景】

某建设单位(甲方)拟建造一栋3600m²的职工住宅，采用工程量清单招标方式由某施工单位(乙方)承建。甲乙双方拟签订的施工合同摘要如下。

一、协议书中的部分条款

1. 合同工期

计划开工日期：2018年10月16日；

计划竣工日期：2019年9月30日；

工期总日历天数：330天(扣除春节放假16天)。

2. 质量标准

工程质量符合：甲方规定的质量标准。

3. 签约合同价与合同价格形式

签约合同价：人民币(大写)陆佰捌拾玖万元(¥6 890 000.00)，

其中，①安全文明施工费为签约合同价的5%；②暂列金额为签约合同价的5%。

合同价格形式：总价合同。

4. 项目经理

承包人项目经理：在开工前由承包人采用内部竞聘方式确定。

5. 合同文件构成

本协议书与下列文件一起构成合同文件：①中标通知书；②投标函及投标函附录；③专用合同条款及其附件；④通用合同条款；⑤技术标准和要求；⑥图纸；⑦已标价工程量清单；⑧其他合同文件。

上述文件互相补充和解释，如有不明确或不一致之处，以上述顺序作为优先解释顺序(合同履行过程中另行约定的除外)。

二、专用条款中有关合同价款的条款

1. 合同价款及其调整

本合同价款除如下约定外，不得调整。

(1) 当工程量清单项目工程量的变化幅度在15%以外时，合同价款可作调整。

(2) 当材料价格上涨超过5%时，调整相应分项工程价款。

2. 合同价款的支付

(1) 工程预付款：于开工之日支付合同总价的10%作为预付款。工程实施后，预付款从工程后期进度款中扣回。

(2) 工程进度款：基础工程完成后，支付合同总价的10%；主体结构三层完成后，支付合同总价的20%；主体结构全部封顶后，支付合同总价的20%；工程基本竣工时，支付合同总价的30%。为确保工程如期竣工，乙方不得因甲方资金的暂时不到位而停工和拖延工期。

(3) 竣工结算：工程竣工验收后，进行竣工结算。结算时按工程结算总额的3%扣留工程质量保证金。在保修期(50年)满后，质量保证金及其利息扣除已支出费用后的剩余部分退还给乙方。

三、补充协议条款

在上述施工合同协议条款签订后，甲乙双方又接着签订了补充施工合同协议条款。摘要如下：

补1. 木门窗均用水曲柳板包门窗套；

补2. 铝合金窗90系列改用42型系列某铝合金厂产品；

补3. 挑阳台均采用42型系列某铝合金厂铝合金窗封闭。

【任务成果】

该合同拟签订的条款有哪些不妥之处？如有，应如何修改？

拟修改的条款

序号	该合同中不妥之处	修改为
1.		
2.		
3.		
4.		
5.		
……		

序号	该合同中不妥之处	修改为

任务8.2　合同协议书的签订

【任务要求】

按照《建设工程施工合同(示范文本)》(GF—2017—0201)中"协议书"的格式，根据技能训练手册中"任务6.3 定标阶段工段"的项目背景，模拟签订合同协议书。

【任务实施】

(1) 小组讨论分析。

(2) 根据技能训练手册中"任务6.3 定标阶段工作"的中标通知书，填写签署合同协议书。

【任务评价】

评价项目	分值	自评分(20%)	互评分(30%)	教师评分(50%)	总分
工作考勤	20				
工作态度	20				
任务分析思路	10				
任务完成情况	30				
协作与沟通	10				
归纳总结	10				
合计	100				

【任务总结】

【任务成果】

编制合同协议书。

合同协议书

发包人(全称): _____

承包人(全称): _____

根据《中华人民共和民法典》《中华人民共和国建筑法》及有关法律规定，遵循平等、自愿、公平和诚实信用的原则，双方就_____工程施工及有关事项协商一致，共同达成如下协议。

一、工程概况

1. 工程名称: _____。

2. 工程地点: _____。

3. 工程立项批准文号: _____。

4. 资金来源: _____。

5. 工程内容: _____。

群体工程应附《承包人承揽工程项目一览表》(附件1)。

6. 工程承包范围:

_____

_____。

二、合同工期

计划开工日期: _____年_____月_____日。

计划竣工日期: _____年_____月_____日。

工期总日历天数: _____天。工期总日历天数与根据前述计划开竣工日期计算的工期天数不一致的，以工期总日历天数为准。

三、质量标准

工程质量符合_____标准。

四、签约合同价与合同价格形式

1. 签约合同价为:

人民币(大写)_____(¥_____元);

其中:

(1) 安全文明施工费:

人民币(大写)_____(¥_____元);

(2) 材料和工程设备暂估价金额:

人民币(大写)_____(¥_____元);

(3) 专业工程暂估价金额:

人民币(大写)_____(¥_____元);

(4) 暂列金额:

人民币(大写)_____(¥_____元)。

2. 合同价格形式: _____。

五、项目经理

承包人项目经理: _____。

六、合同文件构成

本协议书与下列文件一起构成合同文件:

1. 中标通知书(如果有);

2. 投标函及其附录(如果有);

3. 专用合同条款及其附件;

4. 通用合同条款;

5. 技术标准和要求;

6. 图纸;

7. 已标价工程量清单或预算书;

8. 其他合同文件。

在合同订立及履行过程中形成的与合同有关的文件均构成合同文件组成部分。

上述各项合同文件包括合同当事人就该项合同文件所作出的补充和修改,属于同一类内容的文件,应以最新签署的为准。专用合同条款及其附件须经合同当事人签字或盖章。

七、承诺

1. 发包人承诺按照法律规定履行项目审批手续、筹集工程建设资金并按照合同约定的期限和方式支付合同价款。

2. 承包人承诺按照法律规定及合同约定组织完成工程施工,确保工程质量和安全,不进行转包及违法分包,并在缺陷责任期及保修期内承担相应的工程维修责任。

3. 发包人和承包人通过招投标形式签订合同的,双方理解并承诺不再就同一工程另行签订与合同实质性内容相背离的协议。

八、词语含义

本协议书中词语含义与第二部分通用合同条款中赋予的含义相同。

九、签订时间

本合同于_____年___月___日签订。

十、签订地点

本合同在_____签订。

十一、补充协议

合同未尽事宜,合同当事人另行签订补充协议,补充协议是合同的组成部分。

十二、合同生效

本合同自_____生效。

十三、合同份数

本合同一式___份,均具有同等法律效力,发包人执___份,承包人执___份。

发包人: (公章)   承包人: (公章)

法定代表人或其委托代理人: 法定代表人或其委托代理人:
(签字)   (签字)

组织机构代码:_____   组织机构代码:_____
地   址:_____   地   址:_____
邮 政 编 码:_____   邮 政 编 码:_____
法定代表人:_____   法定代表人:_____
委托代理人:_____   委托代理人:_____
电   话:_____   电   话:_____
传   真:_____   传   真:_____
电 子 信 箱:_____   电 子 信 箱:_____
开 户 银 行:_____   开 户 银 行:_____
账   号:_____   账   号:_____

任务8.3 施工合同价款的支付与结算

【任务要求】

根据项目背景，模拟施工合同款的支付与结算。

【任务实施】

(1) 小组讨论分析。

(2) 根据项目背景，计算工程签约合同价。

(3) 根据项目背景，计算开工前业主应拨付的材料预付款和总价措施项目工程款。

(4) 根据项目背景，计算1—4月业主应拨付的工程进度款。

(5) 填写第4个月的"进度款支付申请(核准)表"。

【任务评价】

评价项目	分值	自评分(20%)	互评分(30%)	教师评分(50%)	总分
工作考勤	20				
工作态度	20				
任务分析思路	10				
任务完成情况	30				
协作与沟通	10				
归纳总结	10				
合计	100				

【任务总结】

【项目背景】

某工程项目由A、B、C、D 4个分项工程组成，采用工程量清单招标确定中标人，合同工期5个月。承包费用部分数据如表8-1所示。

表8-1 承包费用部分数据表

名称	计量单位	数量	综合单价
A项目费用	m^3	5 000	50元/m^3
B项目费用	m^3	750	400元/m^3
C项目费用	t	100	5 000元/t
D项目费用	m^2	1 500	350元/m^2
措施项目费用	元	100 000	
其中：总价措施项目费用	元	60 000	
单价措施项目费用	元	40 000	
暂列金额	元	120 000	

合同中有关工程款支付条款如下。

(1) 开工前发包方向承包方支付合同价(扣除措施项目费用和暂列金额)的15%作为材料预付款。预付款从工程开工后的第2个月开始分3个月均摊抵扣。

(2) 工程进度款按月结算,发包方按每次承包方应得工程款的90%支付。

(3) 总价措施项目工程款在开工前与材料预付款同期支付;单价措施项目在开工前前4个月平均支付。

(4) 分项工程累计实际工程量增加(或减少)超过计划工程量的15%时,其综合单价调整系数为0.95(或1.05)。

(5) 承包商报价管理费率取10%(以人工费、材料费、机械费之和为基数),利润率取7%(以人工费、材料费、机械费和管理费之和为基数)。

(6) 规费费率和增值税税率合计(简称规税率)为16%(以不含规费、税金的人工、材料、机械费、管理费和利润为基数)。

(7) 竣工结算时,业主按总造价的3%扣留工程质量保证金。各月计划和实际完成工程量如表8-2所示。

表8-2 各月计划和实际完成工程量表

分项工程名称		第1月	第2月	第3月	第4月	第5月
A/m³	计划	2500	2500			
	实际	2800	2500			
B/m³	计划		375	375		
	实际		430	450		
C/t	计划			50	50	
	实际			50	60	
D/m²	计划				750	750
	实际				750	750

施工过程中,第4个月发生了如下事件。

① 业主确认某临时工程需人工50工日,综合单价90元/工日;某种材料120m²,综合单价100元/ m²。

② 由于设计变更,经业主确认的人工费、材料费、机械费共计30 000元。

【任务成果】

(1) 计算工程签约合同价。

(2) 计算材料预付款和总价措施项目款。

(3) 计算应拨付的材料预付款和应拨付的总价措施项目工程款。

(4) 填写第4个月的"进度款支付申请(核准)表"。

进度款支付申请(核准)表

工程名称：×××　　　　　　　　标段：×××　　　　　　　　编号：×××

致：　×××(发包人全称)

　　我方于_____至_____期间已完成了分项工程C(工程量_____)、分项工程D(工程量_____)和单价措施项目(工程款_____元)、计日工(工程款_____元)等工作，根据施工合同的约定，现申请支付本月的工程价款为(大写)_____元，(小写)_____元整，请予核准。

序号	名称	实际金额/元	申请金额/元	复核金额/元	备注
1	截至3月末累计已完成的合同价款				
2	截至3月末累计已实际支付的合同价款				
3	4月合计完成的合同价款				
3.1	4月已完成分项和单价措施项目的金额				
3.2	4月应支付的总价措施项目金额				
3.3	4月已完成的计日工价款				
3.4	4月应支付的安全文明施工费				
3.5	4月增加的设计变更工程价款				
4	4月合计应扣减的金额				
4.1	4月应抵扣材料预付款				
4.2	4月应扣留工程款金额				
5	4月应支付的合同价款				

附：上述3、4详见附件清单。

　　　　　　　　　　　　　　　　　　　　　　　　　　承包人(章)

造价人员×××　　　　　承包人代表×××　　　　　日期×××

复核意见： □与实际施工情况不相符，修改意见见附件。 □与实际施工情况相符，具体金额由造价工程师复核。 　　　　　　　　　监理工程师××× 　　　　　　　　　日　　期×××	复核意见： 你方提出的支付申请经复核，本月已完成合同款额为(大写)_____元，(小写)_____元，本月应支付金额为(大写)_____元，(小写)_____元。 　　　　　　　　　造价工程师××× 　　　　　　　　　日　　期×××

审核意见：

□不同意。

□同意，支付时间为本表签发后的15天内。

　　　　　　　　　　　　　　　　　　　　　　　　　　发包人(章)

　　　　　　　　　　　　　　　　　　　　　　　　　　发包人代表_____

　　　　　　　　　　　　　　　　　　　　　　　　　　日　　期_____

　　注：在选择栏中的"□"内作标识"√"。

能力训练题

一、单项选择题

1. 某混凝土工程，工程量清单的工程量为2000m³，合同约定的综合单价为400元／m³，当实际工程量超过清单工程量10%时可调整单价，调整系数为0.9。工程结束时实际工程量为2400m³，则该混凝土工程的结算价款是(　　)万元。

　　A. 96.0　　　　　　　B. 95.2　　　　　　　C. 94.4　　　　　　　D. 86.4

2. 某土石方工程，工程量清单中的土石方工程量为4400m³，合同约定：工程土石方工程综合单价为75元/m³；当实际工程量增加或减少超过10%时可调整单价，增加超过10%时综合单价的调整系数为0.9，减少超过10%时综合单价的调整系数为1.15。工程施工过程中，由于出现设计变更，承包人实际完成的土石方工程量为4000m³。则该土石方工程的价款为(　　)万元。

　　A. 27　　　　　　　　B. 29.7　　　　　　　C. 30　　　　　　　　D. 34.5

3. 某混凝土工程，工程量清单中的混凝土工程量为2000m³，合同约定：混凝土工程缝合单价为420元/m³；当实际工程量增加或减少超过10%时可调整单价，增加超过10%时综合单价的调整系数为0.9，减少超过10%时综合单价的调整系数为1.15。工程施工过程中由于出现设计变更，承包人实际完成的混凝土工程量为2500m³。则该混凝土工程的价款为(　　)万元。

　　A. 75.60　　　　　　B. 94.50　　　　　　C. 102.90　　　　　　D. 103.74

4. 某施工企业承包某工程，合同造价为800万元，双方签订合同中规定，工程备料款额度为18%，工程进度达到70%时，开始起扣工程备料款。经测算，主材费率为60%，假设该公司在累计完成工程进度64%后的当月，完成工程价款为80万元。则该月应收的工程进度款为(　　)万元。

　　A. 53.12　　　　　　B. 60.8　　　　　　　C. 21.12　　　　　　D. 103.74

二、多项选择题

1. 甲建筑施工总承包单位欲分包工程，依据相关法律法规属于违法行为的有(　　)。

　　A. 经建设单位认可将其中的部分非主体工程分包给具有相应资质的分包单位

　　B. 将其承包的全部建筑工程肢解以后分别发包给其他单位

　　C. 将其承包的主体结构工程分包给乙单位

　　D. 按建设单位指定将其承包的部分工程转包给具有相应资质的丙单位

　　E. 默认分包公司将其承包工程中的部分工程再分包给其他单位

2. 《建设工程施工合同文本(示范文本)》由(　　)组成。

　　A. 合同协议书　　　　B. 中标通知书　　　　C. 通用合同条款

　　D. 工程量清单　　　　E. 专用合同条款

3. 组成施工合同的文件包括(　　)等。

　　A. 招标公告　　　　　B. 合同协议书　　　　C. 中标通知书

　　D. 图纸　　　　　　　E. 已标价工程量清单

4. 下列因不可抗力发生的费用或损失中，应由发包人承担的有(　　)。

　　A. 承包人的人员伤亡相关费用

　　B. 已运至施工场地的材料和工程设备的损坏

　　C. 因工程损害造成的第三者财产损失

　　D. 承包人设备的损坏

E. 承包人应监理人要求在停工期间照管工程的人工费用

5. 按照《建设工程施工合同文本(示范文本)》的规定，在施工中由于(　　)造成工期延误，经发包人代表确认，竣工日期可以顺延。

  A. 承包人未能及时调配施工机械   B. 不可抗力

  C. 雨季天数增多   D. 工程量变化和设计变更

  E. 一周内非承包人原因停电、停水、停气等造成停工累计超过8小时

6. 发包人出于某种需要希望工程能提前竣工，则他应做的工作包括(　　)。

  A. 向承包人发出必须提前竣工的指令 B. 与承包人协商并签订提前竣工协议

  C. 负责修改施工进度计划   D. 为承包人提供赶工的便利条件

  E. 减少对工程质量的检测试验项目

7. 在施工合同中，发包人有权解除合同的情况包括(　　)。

  A. 承包人未按工程师确认的施工进度计划施工

  B. 承包人将其承包的全部工程转包给他人

  C. 承包人将工程肢解后以分包的名义分别转包给他人

  D. 承包人的施工存在质量问题

  E. 承包人未按约定履行保修义务

8. 根据《建设工程施工合同(示范文本)》的规定，应由发包人完成的工作包括(　　)。

  A. 负责组织图纸会审和设计交底   B. 提供工程进度计划及相应进度统计报表

  C. 确定水准点与坐标控制点   D. 协调处理施工现场地下管线的保护工作

  E. 保护已完工程并承担损坏修复费用

9. 根据《建设工程施工合同(示范文本)》中通用合同条款的有关规定，下列工作应由承包人完成的是(　　)。

  A. 平整施工场地   B. 办理施工许可证

  C. 向发包人提供施工现场办公设施 D. 负责已完工程的成品保护

  E. 针对施工场地交通、噪声等情况，办理有关的手续

三、案例分析题

1. 某业主与承包人签订了某建筑工程项目施工总承包合同。合同总价为2000万元，工期1年。承包合同规定：

(1) 业主应向承包人支付当年合同价30%的工程预付款；

(2) 工程预付款应从未施工工程尚需的主要材料及构件费价值相当于工程预付款时起扣，每月以抵冲工程款的方式陆续收回，主要材料及构件费比重按60%考虑；

(3) 除设计变更和其他不可抗力因素外，合同总价不做调整。

经业主的工程师代表签认的承包人各月计划和实际完成的工程量，如表8-3所示。

表8-3 承包人各月计划金额实际完成工程量表

(单位：万元)

月份	1—8	9	10	11	12
计划完成工程量	900	300	300	200	300
实际完成工程量	900	250	350	200	300

问：

(1) 计算本工程项目预付款的金额。

(2) 计算工程款预付款从几月开始起扣。

(3) 计算1—8月及其他各月工程师代表应签证的工程款的金额，计算应签发的付款凭证金额。

2. 某工程项目发承包双方签订了施工合同，工期为4个月。有关工程价款及其支付条款约定如下。

(1) 工程价款具体情况如下。

- 分项工程项目费用合计59.2万元，包括分项工程A、B、C三项，清单工程量分别为600m³、800m³、900m²，综合单价分别为300元/m³、380元/m³、120元/m²。

- 单项措施项目费用为6万元，不予调整。

- 总价措施项目费用为8万元，其中，安全文明施工费按分项工程和单价措施项目费用之和的5%计取(随计取基数的变化在第4个月调整)，除安全文明施工费之外的其他总价措施项目费用不予调整。

- 暂列金额为5万元。

- 管理费和利润按人材机费用之和的18%计取，规费按人材机费和管理费、利润之和的5%计取，增值税率为11%。

- 上述费用均不包含增值税可抵扣进项税额。

(2) 工程款支付情况如下。

- 开工前，发包人按分项工程和单价措施项目工程款的20%支付给承包人作为预付款(在第2～4个月的工程款中平均扣回)，同时将安全文明施工费工程款全额支付给承包人。

- 分项工程价款按完成工程价款的85%逐月支付。

- 单价措施项目和除安全文明施工费之外的总价措施项目工程款在工期第1～4个月均衡考虑，按85%比例逐月支付。

- 其他项目工程款的85%的发生当月支付。

- 第4个月调整安全文明施工费工程款，增(减)额当月全额支付(扣除)。

- 竣工验收通过后30天内进行工程结算，扣留工程总造价的3%作为质量保证金，其余工程款作为竣工结算最终付款一次性结清。

施工期间分项工程计划和实际进度如表8-4所示。

表8-4　分项工程计划和实际进度表

分项工程及其工程量		第1月	第2月	第3月	第4月	合计
A	计划工程量(m^3)	300	300			600
	实际工程量(m^3)	200	200	200		600
B	计划工程量(m^3)	200	300	300		800
	实际工程量(m^3)		300	300	300	900
C	计划工程量(m^2)		300	300	300	900
	实际工程量(m^2)		200	400	300	900

在施工期间第3个月，发生一项新增分项工程D。经发承包双方核实确认，其工程量为300m^2，每m^2所需不含税人工和机械费用为110元，每m^2机械费可抵扣进项税额为10元；每m^2所需甲、乙、丙三种材料不含税费用分别为80元、50元、30元，可抵扣进项税率分别为3%、11%、17%。

问：(计算过程和结果保留3位小数)

(1) 该工程签约合同价为多少万元？开工前发包人应支付给承包人的预付款和安全文明施工费工程款分别为多少万元？

(2) 第2个月，承包人完成合同价款为多少万元？发包人应支付合同价款为多少万元？截至第2个月末，分项工程B的进度偏差为多少万元？

(3) 新增分项工程D的综合单价为多少元/m^2？该分项工程费为多少万元？销项税额、可抵扣进项税额、应缴纳增值税额分别为多少万元？

(4) 该工程竣工结算合同价增减额为多少万元？如果发包人在施工期间均已按合同约定支付给承包商各项工程款，假定累计已支付合同价款87.099万元，则竣工结算最终付款为多少万元？

3. 某示范区市政工程项目通过公开招标确定了某工程公司为中标人并签订了施工合同，合同工期为6个月，工期奖罚均为1万元/天，部分合同内容如下。

(1) 开工前业主应向承包商支付估算合同总价20%的工程预付款，预付款在最后两个月等额扣回。

(2) 项目1~6月计划完成工程量依次是1 600m²、2 300m²、2 000m²、1 500m²、2 800m²、1 800m²，综合单价1 000元/m²。措施项目费120万元，于开工后前两个月月末分两次平均支付。

(3) 管理费和利润综合取费20%，规费、税金综合费率为14%。本案例中，人工、材料、机械费用，管理费，利润，规费均不含税。

(4) 业主按承包商每月应得的工程款的90%按月支付工程款。

(5) 工程质量保证金为工程款的3%，竣工结算时一次扣留。

(6) 施工期间，若材料价格与基期价格增减幅度在±5%以内，不予调整，若变化幅度超过5%按实结算。

(7) 在第3、4、5个月甲方分别供应材料50万元、35万元、80万元。

问：

(1) 该工程预计合同总价是多少元？工程预付款是多少元？

(2) 1~6月每月业主拨付的工程进度款各为多少元？

(3) 本工程应扣留的质量保证金为多少元？

(4) 办理竣工结算时，工程结算款是多少元？

第9章 建设工程索赔

实训任务

任务9.1 模拟索赔计算

【任务要求】

(1) 根据项目背景事件，分析干扰事件能否索赔；简述索赔的原因和依据。

(2) 根据项目背景的索赔事件，计算出工期索赔和费用索赔。

【任务实施】

(1) 小组讨论分析案例项目背景和发生的索赔事件。

(2) 分析索赔事件是否能索赔。

(3) 思考回答相应问题。

【任务评价】

评价项目	分值	自评分(20%)	互评分(30%)	教师评分(50%)	总分
工作考勤	20				
工作态度	20				
任务分析思路	10				
任务完成情况	30				
协作与沟通	10				
归纳总结	10				
合计	100				

【任务总结】

【任务成果】

(1) 某工程项目，施工单位编制了如图9-1所示的进度计划(单位：天)，得到业主的批准，该进度计划计算工期等于合同工期。

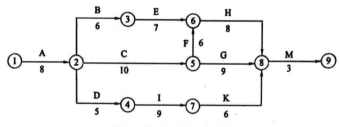

图9-1 某项目进度计划图

施工中，发生如下事件：因业主设计变更导致D工作延误3天，业主要求施工单位必须在合同约定的工期内完工。D工作若赶工3天，赶工费用5万元。施工单位采取赶工措施并向业主提出5万元的赶工费索赔。

问：施工单位的索赔能否成立？请说明理由。

(2) 某办公楼工程，建筑面积为6000㎡，基础类型为独立柱基础，设承台梁，独立柱基础埋深为1.5m，主体为框架结构。工程前期地质勘察报告中地基基础持力层为中砂层，建设单位提供基础施工钢材。基础工程施工分为两个施工流水段，组织流水施工，根据工期要求编制了工程基础项目的施工进度计划，并绘出施工双代号网络计划图，如图9-2所示。

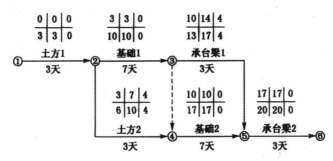

图9-2 施工双代号网络计划图

在工程施工中发生如下事件。

- 事件1：土方2施工中，施工单位发现施工现场中有勘察报告未提及的软弱持力层。该事件导致工期延误6天。
- 事件2：承台梁1施工中，因钢材未按时进场导致工期延期3天。
- 事件3：基础2施工中，因施工质量检查不合格，返工致使工期延期5天。

问：

① 指出网络计划的关键线路并计算总工期。
② 针对本案例上述各事件，施工总承包单位是否可以提出工期索赔，说明理由。
③ 对索赔成立的事件，总工期可以顺延几天？实际工期是多少天？
④ 上述事件发生后，本工程网络计划的关键线路是否发生改变，如有改变，请指出新的关键线路。

任务9.2　拟定索赔意向通知书

【任务要求】

(1) 根据项目背景事件，分析干扰事件能否索赔；简述索赔的原因和依据。

(2) 根据项目背景事件，从承包商的角度拟定一份索赔意向通知。

(3) 根据项目背景事件，模拟规范化处理设计变更问题。

【任务实施】

(1) 小组讨论分析索赔事件。

(2) 分析索赔事件是否能索赔，寻找索赔证据。

(3) 拟定索赔意向书，提供索赔文件。

(4) 根据《建设工程施工合同(示范文本)》(GF—2017—0201)的规定，模拟规范化处理设计变更问题的工作内容与方法。

【任务评价】

评价项目	分值	自评分(20%)	互评分(30%)	教师评分(50%)	总分
工作考勤	20				
工作态度	20				
任务分析思路	10				
任务完成情况	30				
协作与沟通	10				
归纳总结	10				
合计	100				

【任务总结】

【项目背景】

某工业生产项目基础土方工程施工中，承包商在合同标明有松软石的地方没有遇到松软石，因此进度提前1个月。但在合同中另一未标明有坚硬岩石的地方遇到更多的坚硬岩石，开挖工作变得更加困难，由此造成了实际生产率比原计划低得多，经测算影响工期3个月。由于施工速度减慢，使得部分施工任务拖到雨季进行，按一般公认标准推算，又影响工期2个月。为此承包商准备提出索赔。

【任务成果】

(1) 根据背景资料，判断索赔能否成立，具体索赔内容包括哪些？

(2) 讨论并列出可以提供的索赔证据。

(3) 根据背景资料，列出承包商应提供的索赔文件。

(4) 根据背景资料，以承包商角度拟定一份索赔意向通知。

(5) 根据背景资料，规范化处理设计变更问题的工作流程。

能力训练题

一、单项选择题

1. 按照索赔事件的性质分类，在施工中发现地下流砂引起的索赔属于(   )。
   A. 工程变更索赔
   B. 工程延误索赔
   C. 意外风险和不可预见因素索赔
   D. 合同被迫终止的索赔

2. 发包人的索赔主要根据(   )提出。
   A. 施工质量缺陷
   B. 设计变更
   C. 工程量减少
   D. 施工进度计划修改

3. 对于合同当事人而言，所在国爆发战争是一种(   )。
   A. 合法行为
   B. 违法行为
   C. 自然事件
   D. 社会事件

4. 在出现"共同延误"的情况下，承担拖期责任的是(   )。
   A. 造成拖期最长者
   B. 最先发生者
   C. 最后发生者
   D. 按划成拖期的长短，在各共同延误者之间分担

5. 监理人一般有权处理的索赔是承包人(   )。
   A. 依据合同条款提出的索赔
   B. 依据法律法规提出的索赔
   C. 提出的道义索赔
   D. 提出的缺少证据的索赔

6. 施工企业的项目经理指挥失误，给建设单位造成损失的，建设单位应当要求(   )赔偿。
   A. 施工企业
   B. 施工企业的法定代表人
   C. 施工企业的项目经理
   D. 具体的施工人员

7. 发包人指定的分包人，在施工中受到非自身原因造成损害时，他应向(   )提交索赔报告。
   A. 发包人
   B. 总承包人
   C. 监理工程师
   D. 发包人或监理工程师

8. 承包人应在索赔事件发生后的(   )天内向监理人递交索赔意向通知。
   A. 14
   B. 28
   C. 7
   D. 56

9. 下列关于建设工程索赔程序的说法正确的是(   )。
   A. 设计变更发生后，承包人应在 28 天内向发包人提交索赔报告
   B. 索赔事件持续进行时，承包人应在事件终了后立即提交索赔报告
   C. 索赔意向通知发出后的 14 天内，承包人应向监理人提交索赔报告及有关资料
   D. 监理人收到承包人送交的索赔报告和有关资料后 28 天内未答复或未对承包人做进一步要求，视为该项索赔已被认可

10. 某工程项目的合同价为 2000 万元，合同工期为 20 个月，后因增建该项目的附属配套工程需增加工程费用 160 万元，则承包人可提出的工期索赔为(   )个月。
    A. 0.8
    B. 1.2
    C. 1.6
    D. 1.8

11. 某工作的自由时差为 1 天，总时差为 4 天。施工期间，发包人延迟提供工程设备导致施工暂停。以下关于该项工作工期索赔的说法正确的是(   )。
    A. 若施工暂停 2 天，则承包人可获得工期补偿 1 天
    B. 若施工暂停 3 天，则承包人可获得工期补偿 1 天
    C. 若施工暂停 4 天，则承包人可获得工期补偿 3 天
    D. 若施工暂停 5 天，则承包人可获得工期补偿 1 天

12. 某施工合同在履行过程中，先后在不同时间发生了如下事件：业主对隐蔽工程复检导致某关键工作停工 2 天，隐蔽工程复检合格；异常恶劣天气导致工程全面停工 3 天；季节大雨导致工程全面停工 4 天。则承包商可索赔的工期为(   )天。

    A. 2   B. 3   C. 5   D. 9

13. 某土方工程的业主与施工单位签订了土方施工合同，合同约定的土方工程量为8000 m³，合同工期为 16 天，合同约定工程量增加20%以内为施工单位应承担的工期风险。挖运过程中，出现了较深的软弱下卧层，致使土方量增加了 10200 m³，则施工方可提出的工期索赔为(   )天。(结果四舍五入取整)

    A. 1   B. 4   C. 17   D. 14

14. 在材料采购合同的履行中，采购方已按期派车到指定地点接收货物，而供货方又不能交货时，则派车损失由(   )支付费用。

    A. 采购方   B. 供货方

    C. 采购方和供货方共同   D. 施工承包人

15. 施工过程中，承包人提出要求使用专利技术，经监理人批准后，应由(   )。

    A. 承包人办理申报手续，发包人承担费用

    B. 承包人办理申报手续，承包人承担费用

    C. 发包人办理申报手续，承包人承担费用

    D. 发包人办理申报手续，发包人承担费用

16. 因承包人原因，实际施工落后于进度计划。若此时工程的某部位施工与其他承包人发生干扰，监理人发布指示改变了他的施工时间和顺序，导致施工成本的增加和效率降低，此时，承包人(   )。

    A. 有权要求赔偿

    B. 只能获得增加成本的一定比例的赔偿

    C. 由发包人协调不同承包人间的赔偿问题

    D. 无权要求赔偿

17. 合同履行过程中，发包人要求保护施工现场的一棵古树。因此，承包人的一台塔吊累计停工 2 天，后又因监理人指令增加新的工作，需增加塔吊 2 个台班，台班单价 1000 元/台班，折旧费为 200 元/台班，则承包人可提出的直接费补偿为(   )元。

    A. 2000   B. 2400   C. 4000   D. 4800

18. 某建设项目的发包人与施工单位签订了可调价格合同。合同中约定：主导施工机械一台为施工单位自有设备，台班单价 800 元/台班，折旧费为 100 元/台班，人工日工资单价为 40 元/工日，窝工费为 10 元/工日。合同履行中，因场外停电，全场停工 2 天，造成人员窝工 20 个工日；发包人指令增加一项新工作，完成该工作需要 5 天时间，机械 5 台班，人工 20 个工日，材料费 5000 元。则施工单位可向发包人提出直接费补偿额为(   )元。

    A. 10 600   B. 10 200   C. 11 600   D. 12 200

19. 某工程施工中，监理人指令错误，使承包人的工人窝工 50 工日，增加配合用工 10 工日，机械一个台班。合同约定人工单价为 30 元/工日，机械台班 360 元/台班，人员窝工补贴费为 12 元/日，含税的综合费率为17%。承包人可得索赔费用为(   )元。

    A. 1260   B. 1263.6   C. 1372.2   D. 1474.2

20. 监理人对工程索赔的影响不包括(   )。

    A. 监理人可能会引起承包人的索赔

    B. 监理人无权单方面作出索赔处理决定

C. 监理人有权将合理的索赔要求纳入工程进度款中签发付款证书

D. 监理人在有争议的诉讼过程中作为见证人

21. 异常恶劣的气候条件造成的停工是( )。

    A. 不可原谅延期不给补偿费用   B. 不可原谅延期但给补偿费用

    C. 可原谅延期且给补偿费用   D. 可原谅延期但不给补偿费用

22. 在施工合同履行中，发包人按合同约定购买了玻璃，现场交货前未通知承包人派代表共同进行现场交货清点，单方检验接收后直接交承包人的仓库保管员保管。施工使用时承包人发现部分玻璃损坏，则应由( )。

    A. 保管员负责赔偿损失   B. 发包人负责赔偿损失

    C. 承包人负责赔偿损失   D. 发包人与承包人共同承担损失责任

23. 监理人在处理索赔时应注意自己的权力范围，下列情形中，( )不属于监理人的权力。

    A. 检查承包人现场同期的记录

    B. 指示承包人缩短合同工期

    C. 当监理人与承包人就补偿无法达成一致时，监理人单方面作出处理决定

    D. 把批准的索赔要求纳入该月的工程进度款

24. 发包人提供的设计图纸错误导致分包人返工，分包人可以向承包人提出索赔。承包人应( )。

    A. 以不属于自己的原因拒绝索赔要求

    B. 认为索赔成立，先行支付后再向发包人索赔

    C. 不予支付，以自己的名义向监理人提交索赔通知

    D. 予支付，以分包人的名义向监理人提交索赔报告

25. 监理人直接向分包人发布了错误指令，分包人经承包人确认后实施，但该错误指令导致分包工程返工，分包人向承包人提出费用索赔，承包人应( )。

    A. 以不属于自己的原因拒绝索赔要求

    B. 认为要求合理，先行支付后再向业主索赔

    C. 不予支付，以自己的名义向监理人提交索赔报告

    D. 不予支付，以分包人的名义向监理人提交索赔报告

26. 下列关于索赔和反索赔的说法正确的是( )。

    A. 索赔实际上是一种经济惩罚行为   B. 反索赔是发包人的一种特权

    C. 索赔和反索赔具有同时性   D. 索赔可以给承包人带来额外的报酬

27. 基础工程隐蔽前已经工程师验收合格，在主体结构施工时因墙体开裂，对基础重新检验发现部分部位存在施工质量问题，则对重新检验的费用和工期的处理表述正确的是( )。

    A. 费用由监理人承担，工期由承包人承担

    B. 费用由承包人承担，工期由发包人承担

    C. 费用由承包人承担，工期由承发包双方协商

    D. 费用和工期均由承包人承担

28. 监理人对已经同意承包人隐蔽的工程部位施工质量产生怀疑后，要求承包人进行剥露后的重新检验。检验结果表明，施工质量存在缺陷，承包人按监理人的指示修复后再次覆盖。此项事件按照施工合同的规定，对增加的施工成本和延误的工期的处理应是( )。

    A. 工期顺延，施工成本的增加由承包人承担

B. 工期不顺延，施工成本的增加由承包人承担

C. 顺延工期，补偿剥露和重新覆盖的成本，修复缺陷成本由承包人承担

D. 工期不顺延，补偿剥露和重新覆盖的成本，修复缺陷成本由承包人承担

29. 合同当事人之间出现合同纠纷，要求仲裁机构仲裁，仲裁机构受理仲裁的前提是当事人提交( )。

A. 合同公证书　　　B. 仲裁协议书　　　C. 履约保函　　　D. 合同担保书

30. 索赔处理的最主要的依据是( )。

A. 合同文件　　　B. 工程变更　　　C. 结算文件　　　D. 市场价格

二、多项选择题

1. 下列对索赔的理解，正确的是( )。

A. 合同双方均有权索赔

B. 是客观存在的

C. 是单方行为

D. 前提是经济损失或权利损害

E. 必须经对方确认

2. 工程索赔的处理原则有( )。

A. 必须以合同为依据

B. 必须及时合理地处理索赔

C. 必须按国际惯例处理

D. 必须加强预测，杜绝索赔事件发生

E. 必须坚持统一性和差别性相结合

3. 索赔按目的划分包括( )。

A. 综合索赔　　　B. 单项索赔　　　C. 工期索赔

D. 合同内索赔　　　E. 费用索赔

4. 下列有关不可抗力的表述中，正确的是( )。

A. 不可抗力是指合同当事人不能预见，或可以预见但不能避免和克服的客观情况

B. 不可抗力包括战争、动乱、空中飞行物坠落等情况

C. 风、雨、雪、洪水等自然灾害应根据专用合同条款的约定判断是否为不可抗力

D. 不可抗力事件导致的停工，承包人既可索赔费用，又可索赔工期

E. 不可抗力导致的工程清理费用，由发包人承担

5. 《建设工程施工合同(示范文本)》中，属于发包人的义务有( )。

A. 负责土地征用、拆迁补偿，平整施工场地等工作，使施工场地具备施工条件，并在开工后继续解决以上事项的遗留问题

B. 将施工所需水、电、电信线路从施工场地外部接至专用合同条款约定的地点，并保证施工的需要

C. 开通施工现场与城乡公共道路的通道及专用合同条款约定的施工现场内的主要交通干道，满足施工运输的需要，保证施工期间的道路畅通

D. 向工程师提供年、季度、月工程进度计划及相应统计报表

E. 按工程需要提供和维修非夜间施工使用的照明、围栏设施，并负责安全保卫

6. 接到承包人提交的索赔意向通知后，监理人应( )。

A. 及时检查承包人的施工现场同期记录

B. 审查承包人的施工是否受到延误

C. 核对承包人是否增加了施工成本

D. 分析索赔事件的合同责任

E. 认为索赔要求不合理，不予理睬

7.《建设工程施工合同(示范文本)》中，以下( )等原因造成的工期延误，经监理人确认，工期相应顺延。

   A. 承包人未能按合同约定的质量标准施工
   B. 发包人未能按约定的日期支付工程预付款、进度款，使施工不能正常进行
   C. 监理人未按合同约定提供所需指令、批准等，使施工不能正常进行
   D. 设计变更和工程量增加
   E. 一周内非承包人的原因停水、停电、停气造成停工累计超过8小时

8. 根据《标准施工招标文件》，下列因不可抗力而发生的费用或损失中，应由发包人承担的有( )。

   A. 承包人的人员伤亡相关费用
   B. 已运至施工场地的材料和工程设备的损害
   C. 因工程损害造成的第三者财产损失
   D. 承包人设备的损害
   E. 承包人应监理人要求在停工期间照管工程的人工费用

9. 承包人索赔后，监理人可以对索赔提出疑问的情况包括( )。

   A. 承包人以前已表明放弃索赔
   B. 提交的证据不足以说明索赔的部分
   C. 发包人与承包人共同负有责任，责任未划分
   D. 损失计算不足
   E. 承包人没有采取措施避免或减少损失的部分

三、案例分析题

1. 某建设单位(甲方)与某施工单位(乙方)订立了某工程项目的施工合同。合同规定采用单价合同，每一分项工程的工程量增减超过10%时，超过部分的单价按原单价的90%结算。合同工期为22天。乙方在开工前及时提交了施工网络进度计划如图9-3所示(双线代表关键线路)，并得到了甲方代表的批准。

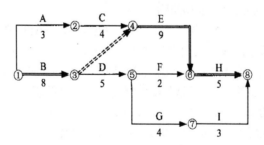

图9-3 某工程项目施工网络计划(单位：天)

工程施工中发生如下事件。

- 事件1：因甲方供应的材料有误造成A工作和B工作工效降低，作业时间分别拖延2天和3天，分别增加工日6个和8个，窝工20个工日，工作A使用的租用施工机械每天租赁费为400元，台班费为650元/台班，工作B使用的自有机械台班费为500元/台班，其中台班折旧费为100元/台班；人工工日单价为30元/工日，窝工补偿标准为20元/工日。
- 事件2：为保证工程质量，乙方在施工中将工作C原设计尺寸扩大，增加工程量20m³，作业时间增加1天，该工作综合单价为90元/m³。
- 事件3：因设计变更，工作E工程量由450 m³增至500 m³，该工作综合单价为70元/m³。
- 事件4：事件1结束后，A、B工作未结束前，在施工过程中，因供电中断造成全面停工2天，造成人员窝工16个工日。

上述事件均发生在不同时间，其余各项工作实际作业时间和费用均与原计划相符。

问：

对于上述各个事件，承包商是否可向业主进行工期和费用索赔？若可以索赔，工期和费用索赔各是多少？

2. 某施工单位(乙方)与某建设单位(甲方)签订了建造无线电发射试验基地施工合同。合同工期为38天。由于该项目急于投入使用，在合同中规定，工期每提前(或拖后)1天奖励(或罚款)5000元(含税费)。乙方按时提交了施工方案和施工网络进度计划(见图9-4)，并得到甲方代表的批准。

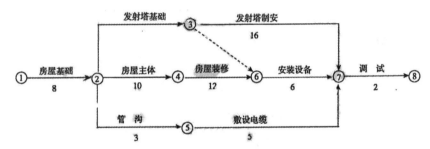

图9-4 发射塔试验基地工程施工网络进度计划(单位：天)

实际施工过程中发生了如下事件。
- 事件1：在房屋基坑开挖后，发现局部有软弱下卧层，按甲方代表指示乙方配合地质复查，配合用工为10个工日。地质复查后，根据经甲方代表批准的地基处理方案，增加人材机费用4万元，因地基复查和处理使房屋基础作业时间延长3天，人工窝工15个工日。
- 事件2：在发射塔基础施工时，因发射塔原设计尺寸不当，甲方代表要求拆除已施工的基础，重新定位施工。由此造成增加用工30个工日，材料费1.2万元，机械台班费3000元，发射塔基础作业时间拖延2天。
- 事件3：在房屋主体施工中，因施工机械故障，造成人工窝工8个工日，该项工作作业时间延长2天。
- 事件4：在房屋装修施工基本结束时，甲方代表对某项电气暗管的敷设位置是否准确有疑义，要求乙方进行剥漏检查。检查结果为某部位的偏差超出了规范允许范围，乙方根据甲方代表的要求进行返工处理，合格后甲方代表予以签字验收。该项返工及覆盖用工20个工日，材料费为1000元。因该项电气暗管的重新检验和返工处理使安装设备的开始作业时间推迟了1天。
- 事件5：在敷设电缆时，因乙方购买的电缆线材质量不合格，甲方代表令乙方重新购买合格线材。由此造成该项工作多用人工8个工日，作业时间延长4天，材料损失费8000元。

- 事件6：鉴于该工程工期较紧，经甲方代表同意乙方在安装设备作业过程中采取了加快施工的技术组织措施，使该项工作作业时间缩短2天，该项技术组织措施人材机费用为6000元。

其余各项工作实际作业时间和费用均与原计划相符。

问：

(1) 在上述事件中，乙方可以就哪些事件向甲方提出工期补偿和费用补偿要求？为什么？

(2) 该工程的实际施工天数为多少天？可得到的工期补偿为多少天？工期奖励(或罚款)金额为多少元？

(3) 假设工程所在地人工费标准为98元/工日，应由甲方给予补偿的窝工人工费补偿标准为58元/工日；该工程综合取费率为人材机费用的26%，人员窝工综合取费为窝工人工费的15%。则在该工程结算时，乙方应该得到的索赔款为多少元？